"做学教一体化"课程改革系列教材

亚龙集团校企合作项目成果系列教材

电机控制线路安装与调试

主编　宋　涛

参编　唐建华　汤利东　叶　萍　金建军

主审　杨少光

机械工业出版社

本书以"做学教一体化"教学为指导思想，将企业的实际工作过程、职业活动的真实场景引入到教学内容中来，形成学习项目。先让学生知道要做的是什么，明确做什么和学什么；然后在完成工作任务的过程中，介绍每道工序怎么做，需要哪些专业知识，将做和学、做和教很自然地融合在一起；最后给出定性的评价，包括自我评价、小组评价和老师评价。以学生的职业能力培养为中心，构建以专业核心能力为主线的课程体系，培养技能型人才。

　　本书可以作为中等职业技术学校、技工学校的机电、电气类专业的教学用书，也可作为相关专业的企业培训用书。

图书在版编目（CIP）数据

电机控制线路安装与调试/宋涛主编. —北京：机械工业出版社，2012.7（2025.1重印）

ISBN 978-7-111-35913-5

Ⅰ.①电… Ⅱ.①宋… Ⅲ.①机电系统-控制电路-安装②机电系统-控制电路-调试方法 Ⅳ.①TM7

中国版本图书馆CIP数据核字（2011）第194362号

机械工业出版社（北京市百万庄大街22号 邮政编码100037）

策划编辑：高 倩 责任编辑：范政文 高 倩 韩 静

责任校对：王 欣 封面设计：路恩中 责任印制：张 博

北京建宏印刷有限公司印刷

2025年1月第1版第14次印刷

184mm×260mm·9.75印张·218千字

标准书号：ISBN 978-7-111-35913-5

定价：27.00元

电话服务 　　　　　　　　网络服务

客服电话：010-88361066 　机 工 官 网：www.cmpbook.com

　　　　　010-88379833 　机 工 官 博：weibo.com/cmp1952

　　　　　010-68326294 　金 书 网：www.golden-book.com

封底无防伪标均为盗版 　机工教育服务网：www.cmpedu.com

在落实《国家中长期教育改革和发展规划纲要（2010—2020年）》新时期职业教育的发展方向、目标任务和政策措施的时候，教育部制定了《中等职业教育改革创新行动计划（2010—2012）》（以下简称《计划》）。《计划》中指出，以教产合作、校企一体和工学结合为改革方向，以提升服务国家发展和改善民生的各项能力为根本要求，全面推动中等职业教育随着经济增长方式转变"动"，跟着产业结构调整升级"走"，围绕企业人才需要"转"，适应社会和市场需求"变"。

中等职业教育的改革，着力解决教育与产业、学校与企业、专业设置与职业岗位、课程教材与职业标准不对接，职业教育针对性不强和吸引力不足等各界共识的突出问题。紧贴国家经济社会发展需求，结合产业发展实际，加强专业建设，规范专业设置管理，探索课程改革，创新教材建设，实现职业教育人才培养与产业，特别是区域产业的紧密对接。

《计划》中关于推进中等职业学校教材创新的计划是：围绕国家产业振兴规划、对接职业岗位和企业用人需求，创新中等职业学校教材管理制度，逐步建立符合我国国情、具有时代特征和职业教育特色的教材管理体系。开发建设覆盖现代农业、先进制造业、现代服务业、战略性新兴产业和地方特色产业，苦脏累险行业，民族传统技艺等相关专业领域的创新示范教材，引领全国中等职业教育教材建设的改革创新。2011—2012年，制订创新示范教材指导建设方案，启动并完成创新示范教材开发建设工作。

在落实该《计划》的背景下，中国·亚龙科技集团与机械工业出版社共同组织中等职业学校教学第一线的骨干教师，为先进制造业、现代服务业和新兴产业类的电气技术应用、电气运行与控制、机电技术应用、电子技术应用、汽车运用与维修等专业的主干课程、方向性课程编写"做学教一体化"系列教材，探索创新示范教材的开发，引领中等职业教育教材建设的改革创新。

多年来，中等职业学校第一线的教师对教学改革的研究和探索，得到了一个共同的结论：要提升服务国家发展和改善民生的各项能力，就应该采用理实一体的教学模式和教学方法。以项目为载体，工作任务引领，完成工作任务的行动导向；让学生在完成工作任务的过程中学习专业知识和技能，掌握获取资讯、决策、计划、实施、检查、评价等工作过程的知识，在完成工作任务的实践中形成和提升服务国家发展和改善民生的各项能力。一本体现课程内容与职业资格标准、教学过程与生产过程对接，符合中等职业学校学生认知规律和职业能力形成规律，形式新颖、职业教育特色鲜明的教材；一本解决"做什么、学什么、教什么？怎样做、怎样学、怎样教？做得怎样、学得怎样、教得怎样？"问题的教材，是中等职业学校广大教师热切期盼的。

承载职业教育教学理念，解决"做什么、学什么、教什么？怎样做、怎样学、怎样教？做得怎样、学得怎样、教得怎样？"问题的教学实训设备，同样是中等职业学校广大教师热切期盼的。中国·亚龙科技集团秉承服务职业教育的宗旨，潜心研究职业教育。在源于企业、源于实际、源于职业岗位的基础上，开发"既有真实的生产性功能，又整合学习功能"的教学实训设备；同时，又集设备研发与生产、实训场所建设、教材开发、师资队伍建设等于一体的整体服务方案。

广大教学第一线教师的期盼与中国·亚龙科技集团的理念、热情和真诚，激发了编写"做学教一体化"系列教材的积极性。在中国·亚龙科技集团、机械工业出版社和全体编者的共同努力和配合下，"做学教一体化"系列教材以全新的面貌、独特的形式出现在中等职业学校广大师生的面前。

"做学教一体化"系列教材是校企合作编写的教材，是把学习目标与完成工作任务、学习内容与工作内容、学习过程与工作过程、学习评价与工作评价有机结合在一起的教材。呈现在大家面前的"做学教一体化"系列教材，有以下特色：

一、教学内容与职业岗位的工作内容对接，解决做什么、学什么和教什么的问题

真实的生产性功能、整合的学习功能，是中国·亚龙科技集团研发、生产的教学实训设备的特色。根据教学设备，按中等职业学校的教学要求和职业岗位的实际工作内容设计工作项目和任务，整合学习内容，实现教学内容与职业岗位、职业资格的对接，解决中等职业学校在教学中"做什么、学什么、教什么"的问题，是"做学教一体化"系列教材的特色。

职业岗位做什么，学生在课堂上就做什么，把职业岗位要做的事情规划成工作项目或设计成工作任务；把完成工作任务涉及的理论知识和操作技能，整合在设计的工作任务中。拿职业岗位要做的事，必需、够用的知识教学生；拿职业岗位要做的事来做，拿职业岗位要做的事来学。做、学、教围绕职业岗位，做、学、教有机结合、融于一体，"做学教一体化"系列教材就这样解决做什么、学什么、教什么的问题。

二、教学过程与工作过程对接，解决怎样做、怎样学和怎样教的问题

不同的职业岗位，工作的内容不同，但包括资讯、决策、计划、实施、检查、评价等在内的工作过程却是相同的。

"做学教一体化"系列教材中工作任务的描述、相关知识的介绍、完成工作任务的引导、各工艺过程的检查内容与技术规范和标准等，为学生完成工作任务的决策、计划、实施、检查和评价并在其过程中学习专业知识与技能提供了足够的信息。把学习过程与工作过程、学习计划与工作计划结合起来，实现教学过程与生产过程的对接，"做学教一体化"系列教材就这样解决怎样做、怎样学、怎样教的问题。

三、理实一体的评价，解决评价做得怎样、学得怎样、教得怎样的问题

企业不是用理论知识的试卷和实际操作考题来评价员工的能力与业绩，而是根据工作任务的完成情况评价员工的工作能力和业绩。"做学教一体化"系列教材根据理实一体的原则，参照企业的评价方式，设计了完成工作任务情况的评价表。评价的内容为该工作任务中各工艺环节的知识与技能要点、工作中的职业素养和意识；评价标准为相关的技术规范和标准，评价方式为定性与定量结合，自评、小组与老师评价相结合。

全面评价学生在本次工作中的表现，激发学生的学习兴趣，促进学生职业能力的形成和提升，促进学生职业意识的养成，"做学教一体化"系列教材就这样解决做得怎

样、学得怎样、教得怎样的问题。

四、图文并茂，通俗易懂

"做学教一体化"系列教材考虑到中等职业学校学生的阅读能力和阅读习惯，在介绍专业知识时，把握知识、概念、定理的精神和实质，将严谨的语言通俗化；在指导学生实际操作时，用图片配以文字说明，将抽象的描述形象化。

用中等职业学校学生的语言介绍专业知识，图文并茂的形式说明操作方法，便于学生理解知识、掌握技能，提高阅读效率。对中等职业学校的学生来说，"做学教一体化"系列教材是非常实用的教材。

五、遵循规律，循序渐进

"做学教一体化"系列教材设计的工作任务，有操作简单的单一项目，也有操作复杂的综合项目。由简单到复杂，由单一向综合，采用循序渐进的原则呈现教学内容、规划教学进程，符合中等职业学校学生认知和技能学习的规律。

"做学教一体化"系列教材是校企合作的产物，是职业院校教师辛勤劳动的结晶。"做学教一体化"系列教材需要人们的呵护、关爱、支持和帮助，才能健康发展，才能有生命力。

中国·亚龙科技集团 陈继权
2011 年 6 月 浙江温州

前　言

随着国民经济的快速发展，各企业及用人单位对人才的需求也在不断地发展，作为中等职业技术学校的教师和学生，都应该了解企业在想什么、企业在做什么、企业需要什么、企业未来做什么、企业未来需要什么、我们能为企业做什么？本书根据亚龙科技集团董事长陈继权先生提出的"做学教一体化"教学理念，按照中等职业教育培养目标，围绕企业发展对人才的需求，遵循实用、够用原则编写而成。

本书具有以下特点：

1）以需求定项目。根据产业的未来需求和职场的环境来设定项目，以项目为核心，重组知识体系，使学生能在做中学活动过程中，将完成工作任务与完成学习任务融于一体，做到工作过程与学习过程相结合。

2）以项目定理论。根据实用、够用的原则来确定所学理论知识，虽然没有面面俱到，但学生在课堂上学到的知识与技能，可以直接运用到实习和工作中去。

3）以评价促规范。每个项目都有自我评价、小组评价和老师评价，通过定性的评价体系，促进学生养成良好的职业习惯，提高学生的职业能力。

鉴于以上特点，本书可以作为中等职业技术学校、技工学校的机电技术应用及相关专业的教学用书，也可作为相关专业企业培训用书。

本书由宋涛主编，唐建华、汤利东、叶萍、金建军参编，其中宋涛编写了项目二、项目四、项目五、项目十一；唐建华编写了项目七、项目八；汤利东编写了项目一、项目十；叶萍编写了项目六、项目九；金建军编写了项目三、项目十二。全书由宋涛统稿并作修改。本书由杨少光担任主审，他在审稿期间提出了许多宝贵的修改意见，为提高本书的质量起到了很好的作用，在此表示衷心的感谢。

本书在编写过程中，得到了中国·亚龙科技集团和浙江信息工程学校的大力支持，并得到了杨玲、司杰、徐飞、阙林凯等老师和同学的帮助，在此一并表示感谢。

由于编写时间仓促，编者水平有限，书中难免存在错误和不足之处，敬请广大读者批评指正。

编　者

目　录

项目一
开关控制线路的安装

在生产实践中，各种生产机械由于工作性质和加工工艺不同，对电动机的控制要求不同，需用的电器类型和数量不同，构成的控制线路也就不同，有的比较简单，有的则相对复杂。但任何复杂的控制线路也是由一些基本控制线路有机组合起来的。其中电动机手动正转线路就是基本控制线路之一，它只能控制电动机单向起动和停止，并带动生产机械的运动部件朝一个方向运动。

砂轮机如图 1-1 所示，它的控制线路就是采用这种典型的电动机手动正转控制线路。本项目通过完成砂轮机控制线路安装的工作任务，学会在控制线路安装中低压开关、熔断器的选择方法，并学会电动机手动控制线路的安装。

工作任务

图 1-2 是砂轮机的电动机控制线路电路原理图，当拖动砂轮机的电动机额定电压为380V、额定功率为3kW时，请选择控制电动机起动和停止的负荷开关、作短路和过载保护的熔断器和熔体的规格以及连接导线的规格。在指定的线路板上安装负荷开关、熔

图 1-1　砂轮机

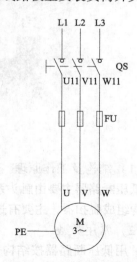

图 1-2　砂轮机的电动机
控制线路电路原理图

断器和相关器件，连接砂轮机电动机的控制线路，最后在教师的监护下，完成线路的检查并通电运行。

边做边学

一、认识电路工作原理

该控制线路采用负荷开关控制的手动控制线路。在线路中，负荷开关起接通和断开电源作用，熔断器起短路保护作用。合上电源开关 QS→电动机起动运行；断开电源开关 QS→电动机停止运行。

二、开关的选择

开关一般用来切换电器，主要作为隔离、转换、接通和分断电路用。常见的有低压断路器、负荷开关、组合开关等。

1. 低压断路器

低压断路器旧称自动空气开关，适用于不频繁地接通和切断电路或起动、停止电动机，并能在电路发生过载、短路和欠电压等情况下自动切断电路。它相当于刀开关、熔断器、热继电器和欠电压继电器的组合，集控制与多种保护于一身，并具有操作安全、使用方便、工作可靠、安装简单、分断能力高等优点，因此得到广泛应用。目前常用的部分低压断路器外形如图 1-3 所示。

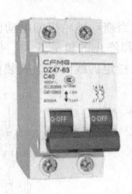

图 1-3　部分低压断路器外形

（1）结构及工作原理

低压断路器主要由触头系统、灭弧装置、保护装置和传动机构等组成。保护装置和传动机构组成脱扣器，主要有过电流脱扣器、欠电压脱扣器和热脱扣器等，如图 1-4 所示。

（2）常用类型

常用低压断路器按结构分为框架式和塑料外壳（塑壳）式两种类型。框架式低压断路器原称万能式低压断路器，塑料外壳式低压断路器原称装置式低压断路器，按动作速度分有一般型和快速型两大类，其型号含义如下：

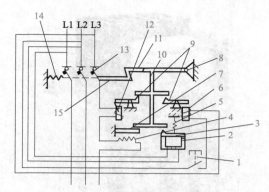

图 1-4　低压断路器的组成

1—按钮　2—欠电压脱扣器的铁心线圈　3—衔铁　4—加热元件　5—弹簧　6—分励脱扣器的铁心线圈　7—双金属片　8—转轴　9—衔铁　10—杠杆　11—搭钩　12—过电流脱扣器的铁心线圈　13—主触头　14—分闸弹簧　15—钩杆

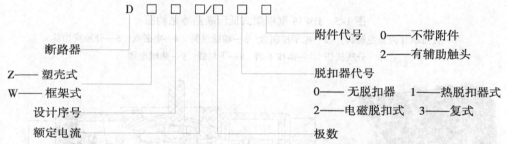

1）框架式低压断路器为敞开式，一般大容量低压断路器多为此结构，主要在配电网络中用来分配电能、保护线路及电源设备的过载、欠电压和短路，也能在交流 50Hz、380V 电网中用来保护电动机的过载、欠电压和短路。正常条件下，断路器可作为线路不频繁转换及电动机不频繁起动之用，结构如图 1-5 所示。

2）塑壳式低压断路器：常见的有 DZ 系列，图 1-6 所示为 DZ20 系列塑壳式低压断路器结构图，这种断路器的特点是结构紧凑、体积小、重量轻、使用安全可靠、适用于独立安装。它是将触头、灭弧系统、脱扣器及操作机构都安装在一个封闭的塑料外壳内，只有板前引出的接线导板和操作手柄露在壳外。

DZ 系列低压断路器的保护装置一般装有复式脱扣器，同时具有电磁脱扣器和热脱扣器。由于内部空间有限，失电压脱扣器和分励脱扣器仅装其中一种，而且额定电流较框架式低压断路器要小，除用来保护容量不大的用电设备外，还可作为绝缘导线的保护及供建筑中作照明电路的控制开关。

（3）低压断路器的选择

1）断路器类型的选择应根据使用场合和保护要求来选择。如一般选用塑壳式；短路电流很大选用限流型；额定电流比较大或有选择保护要求选框架式；控制和保护含半导体器件的直流电路选用直流快速断路器等。

2）断路器的额定电压、额定电流应大于或等于电路、设备的正常工作电压、工作电流。

3）短期极限通断能力大于或等于电路的最大短路电流。

图 1-5　DW15 型框架式低压断路器结构图

1—灭弧罩（内有主触头）　2—电子控制盒　3—辅助触头　4—电磁铁　5—分励脱扣器

6—分断按钮　7—操作手柄　8—下母线　9—热继电器

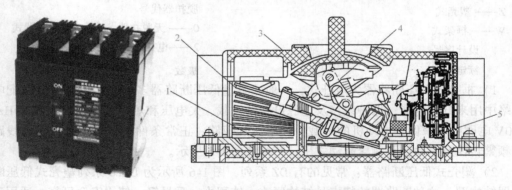

图 1-6　DZ20 系列塑壳式低压断路器结构图

1—主触头　2—灭弧罩　3—外壳　4—自由脱扣器　5—脱扣器

4）欠电压脱扣器的额定电压等于电路的额定电压。

5）过电流脱扣器的额定电流大于或等于电路的最大负载电流。

（4）低压断路器电气符号（见图 1-7）

2. 负荷开关

最常用的是由刀开关和熔断器组合而成的负荷开关，如图 1-8 所示。负荷开关常分为开启式负荷开关和封闭式负荷开关。

（1）开启式负荷开关

开启式负荷开关旧称为瓷底胶盖刀开关，简称刀开关。

1）适用场合：照明、电热设备、小容量电动机控制线路。其中，在用开启式负荷开关控制小容量电动机时，该电动机的功率满足以下要求：

$P \leqslant 4.5kW$（实际工作中）

$P \leqslant 5.5kW$（理论知识）

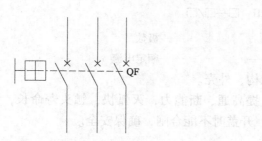

图 1-7　低压断路器电气符号

图 1-8　HK2-63/2 型负荷开关

2）在电路中主要作用：接通和分断电路、短路保护。

3）型号及含义：

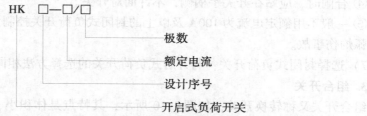

4）结构：进、出线座，动、静触头，熔体，瓷质手柄，上、下胶盖。

5）负荷开关电气符号如图 1-9 所示。

6）选择开启式负荷开关：用于照明和电热负载时，选用 220V 或 250V（两极），且额定电流≥所有负载电流之和。

用于控制小容量的电动机时，选用 220V 或 380V（三极），且额定电流≥3 倍的电动机额定电流。

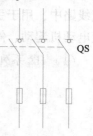

图 1-9　负荷开关电气符号

7）安装与使用：

① 必须垂直安装在控制屏或控制板上，且合闸状态时手柄朝上，不许倒装或平装，以防误合闸。

② 当控制照明和电热负载时，要装熔断器作短路和过载保护。

③ 接线时，电源必须进静触头的进线座，负载接出线座。

④ 更换熔体时，必须拉下闸刀，按原规格更换。

⑤ 分、合闸时，动作要迅速。

（2）封闭式负荷开关

封闭式负荷开关是在开启式负荷开关的基础上改进设计而成的，因其外壳多为铸铁或用薄钢板冲压而成，故旧称铁壳开关。

1）适用场合：适用于交流频率 50Hz、额定工作电压 380V、额定工作电流小于

400A 的电路中，用于手动不频繁地接通和分断负载的电路及作为电路末端的短路保护，或用于控制 15kW 以下小容量交流电动机的直接起动和停止。

2）在电路中主要作用：接通、分断电路以及短路保护。

3）型号及含义：

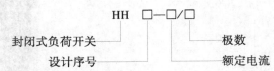

4）结构：刀开关、熔断器、操作机构、外壳。

5）特点：采用储能分、合闸方式，提高通、断能力，灭弧快，触头寿命长，设置联锁装置可确保合闸时开关盖不可开启、开盖时不能合闸，确保安全。

6）安装与使用：

① 安装高度≥1.3~1.5m。

② 外壳必须有可靠的接地。

③ 电源接静夹座，负载接在熔断器边的接线端子上。

④ 合闸时，应站在开关手柄侧，不许面对开关。

⑤ 一般不用额定电流为 100A 及以上的封闭式负荷开关控制大容量电动机，以免发生电弧灼伤事故。

7）选择封闭式负荷开关：与开启式负荷开关的选择方法相同。

3. 组合开关

组合开关又称转换开关，如图 1-10 所示，其特点是体积小、触头对数多、接线方式灵活、操作方便，适用交流频率 50Hz、电压在 380V 及以下或直流 220V 及以下的电气线路中，用于手动不频繁接通和分断电路，换接电源和负载，或控制 5kW 以下小容量电动机起动、停止和反转。

（1）HZ 系列组合开关结构（见图 1-10）

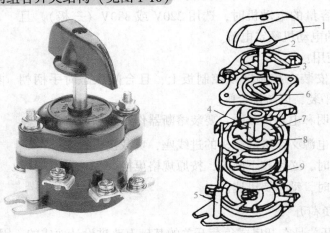

图 1-10   HZ10-10/3 型组合开关

1—手柄 2—转轴 3—弹簧 4—绝缘杆 5—接线柱 6—凸轮
7—绝缘垫片 8—动触片 9—静触片

（2）HZ 系列组合开关型号及含义

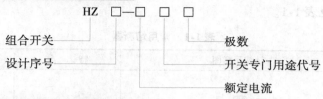

（3）组合开关电气符号（见图 1-11）

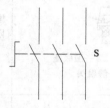

图 1-11　组合开关电气符号

（4）组合开关的选择和使用

1）用于照明或电热电路时，组合开关的额定电流应等于或大于被控制线路中各负载电流的总和。

2）用于电动机电路时，组合开关的额定电流一般取电动机额定电流的 1.5 ~ 2.5 倍。

3）组合开关的通断能力较低，当用于控制电动机作可逆运转时，必须在电动机完全停止转动后，才能反向接通。

4）当操作频率过高或负载的功率因数较低时，转换开关要降低容量使用，否则会影响开关寿命。

想一想

1. 有一台额定电压为 380V、额定功率为 5kW 的三相交流异步电动机，能选择开启式负荷开关做控制电动机起动和停止的操作开关吗？为什么？

2. 型号为 HK-30/3 的开关，控制额定电压为 380V 的三相交流异步电动机的起动和停止，电动机的最大功率为多少？

3. 一台额定电压为 380V、额定功率为 5kW 的三相交流异步电动机，选用封闭式负荷开关做操作开关时，请选择开关的型号。若选用组合开关做操作开关，请选择组合开关的型号。

三、熔断器的选择

熔断器是用来进行短路和过载保护的器件，当通过熔断器的电流大于一定的值（通常为熔断器的熔断电流）时，能依靠自身产生的热量使特制的金属（熔体）熔化而自动分断电路。

1. 常用熔断器

常用熔断器见表1-1。

表1-1　常用熔断器

名称	结构示意图	特　点	应用场合
RC1A 系列瓷插式熔断器	1—动触头　2—熔丝　3—瓷底座 4—瓷插件　5—静触头	结构简单，价格低廉，更换方便，但极限分断能力较差	在交流 50Hz、额定电压 380V 以下、电流 5～200A 低压电路末端或分支电路中作短路保护，在照明电路中还可起过载保护作用
RL1 系列螺旋式熔断器	1—底座　2—瓷套　3—熔断管　4—瓷帽	分断能力较强，结构紧凑，体积小，安装面积小，更换熔体方便，工作安全可靠，熔断后有明显指示	广泛应用于控制箱、配电屏、机床设备及振动较大的场合，在交流额定电压 500V、额定电流 200A 以下电路中，作短路保护
RM 系列无填料封闭管式熔断器	1—弹簧夹　2—钢纸纤维管　3—黄铜帽 4—插刀　5—熔片　6—特种热圈　7—刀座	更换熔体方便，极限分断能力比 RC1A 熔断器有所提高	主要用在交流额定电压 380V 以下、直流 440V 以下、额定电流 600A 以下的电力线路中，作导线、电缆及电气设备的短路和连续过载保护
RT0 系列有填料封闭管式熔断器	1—弹簧夹　2—瓷底座　3—熔断体 4—熔体　5—管体	灭弧能力强，配有熔断指示装置，配有专用绝缘手柄，在带电情况下更换熔管，装取方便，安全可靠	广泛应用于 380V 及以下、短路电流较大的电力配电系统中，作为线路及电气设备的短路保护及过载保护

2. 熔断器型号及意义

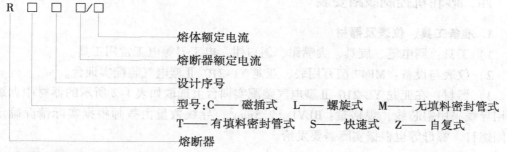

3. 熔断器的选择

（1）熔断器的选择

熔断器的型号可根据负载的情况选择，如容量较小的照明负荷，可选 RC1A 型熔断器，而用于防爆场合或电流较大时，可选 RL1 系列或 RT0 系列熔断器。熔断器的额定电流应大于或等于熔体额定电流，若有过载现象，可选额定电流大一点的熔断器。

（2）熔体选择

1）对照明和电热等电流较平稳、无冲击电流的负载的短路保护，熔体的额定电流 I_{RN} 应等于或稍大于负载的额定电流 I_N，一般取

$$I_{RN} = (1 \sim 1.1)I_N$$

2）对一台不经常起动且起动时间不长的电动机的短路保护，熔体的额定电流 I_{RN} 应大于或等于 1.5～2.5 倍电动机额定电流 I_N，即

$$I_{RN} \geq (1.5 \sim 2.5)I_N$$

3）对多台电动机的短路保护，熔体的额定电流应大于或等于起动最大容量（功率）电动机的额定电流 I_{Nmax} 的 1.5～2.5 倍，再加上其余电动机额定电流的总和 $\sum I_N$，即

$$I_{RN} \geq (1.5 \sim 2.5)I_{Nmax} + \sum I_N$$

4. 熔断器电气符号（见图 1-12）

FU

图 1-12　熔断器电气符号

想一想

1. 为一台额定电压为 380V、额定功率为 5kW 的三相交流异步电动机选择短路保护的熔断器时，应选用什么规格、配用额定电流为多少的 RL 型熔断器？

2. 一电路中装有额定电流为 5A 的照明灯具和额定电流为 10A 的电热器具，应选用额定电流为多少的熔体做该线路做短路保护？

3. 一电路中有额定电压为 380V、额定功率为 5kW 的三相交流异步电动机 1 台，额定电压为 380V、额定功率为 7.5kW 的三相交流异步电动机 1 台，额定电压为 380V、额定功率为 2kW 的三相交流异步电动机 1 台，请为该电路选择熔断器的型号和熔体的规格。

四、砂轮机控制线路安装

1. 准备工具、仪表及器材

1）工具：测电笔、旋具、尖嘴钳、斜口钳、电工刀等电工常用工具。

2）仪表与设备：MF47 型万用表、亚龙 YL-210-Ⅱ型电气装配实训台。

3）器材：在亚龙 YL-210-Ⅱ型电气装配实训台上选取如表 1-2 所示的器材中训练，所用导线采用铝芯线，规格是：BLV1 × 2.5mm²，导线数量由教师根据实际情况确定；紧固螺钉、螺母等也根据实际需要发给。

表 1-2　器材明细表

代号	名　称	型号	规格	数量
M	三相笼型异步电动机	WDJ26		1 台
QS	低压负荷开关	HK-30/3		1 只
FU	熔断器	RL1-15	熔体 15A	3 只
	铝芯线	BLV	2.5mm²	20m
XT	端子板			2 块

2. 固定安装电气元件

检查所给电气元件是否良好，如有问题及时跟老师提出。在老师指导下在亚龙 YL-210-Ⅱ型电气装配实训台上，根据布置图所示尺寸（单位：mm，后面都相同）在网孔板上固定电气元件，如图 1-13 所示。

图 1-13　元件布置图

3. 连线电路

根据图 1-14 所示的接线图和板前明线布线工艺要求，连接砂轮机控制线路，完成连接的线路如图 1-15 所示。

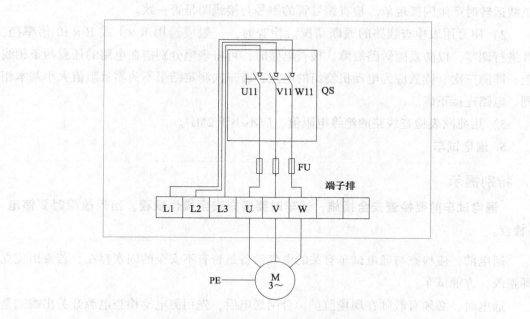

图 1-14　砂轮机控制线路电路原理图与接线图

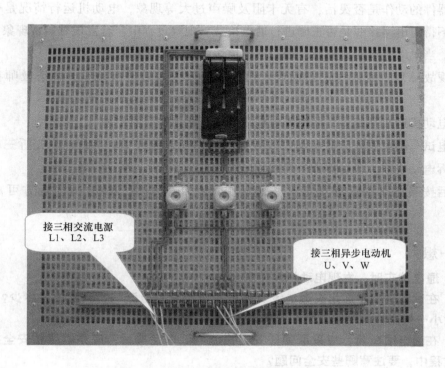

图 1-15　完成连接的砂轮机控制线路

4. 线路检查

1）按照线路图或接线图，从电源端开始逐段核对接线是否正确，有无漏接、错接之处；检查导线触头是否符合要求，压接是否牢固；检查触头接触是否良好，以避免带负载运转时产生闪弧现象。检查编号管的编号与接线图是否一致。

2）用万用表检查线路的通断情况。检查时，一般应选用 R×1 或 R×10 倍率挡，并进行调零，以防发生短路故障。检查电路时，可将表笔分别搭在电路的任意两条相线上，即测三次，读数应为电动机绕组的电阻，若三次测定结果不为零且阻值大小基本相同，电路连接正确。

3）用兆欧表检查线路的绝缘电阻值，应不小于 $2M\Omega$。

5. 通电试车

> **特别提示**
>
> 通电试车前要检查安全措施，试车时要遵守安全操作规程，出现故障时要停电检查。

通电前，应检查与通电试车有关的电气设备是否有不安全的因素存在，若查出应立即整改，方能试车。

通电时，必须有教师在现场监护，合闸送电后，先用测电笔检查电源开关出线端是否有电，然后按照工作原理操作电路。观察接触器情况是否正常，电路是否符合功能要求，元器件的动作是否灵活，有无卡阻及噪声过大等现象，电动机运行情况是否正常等。但不得对电路接线是否正确进行通电检查。观察过程中，若发现有异常现象，应立即停车。当电动机运转平稳后，用钳形电流表测量三相电路是否平衡。

出现故障后，要停电进行检修。检修完毕后，如需再次试车，要请教师在现场监护。

当电动机运转平稳后，用钳形电流表测量三相电路是否平衡。

通电试车结束后，应等电动机停转以后再切断电源开关。拆线时，先拆三相电源线，再拆电动机线，最后拆板上导线和电气元件。

最后按照实训室管理规定，整理好实训台和实训室，经教师同意方可离开实训室。

> **想一想**
>
> 1. 通电试车时，发现电动机反转怎么办？
>
> 2. 在试车过程中你用钳形电流表测量过电动机的电流吗？测量值是多少？三相电流大小一样吗？三相电流之和怎样测量？
>
> 3. 在通电试车前，应采取哪些安全措施？试车完毕后，应采取哪些安全措施？试车过程中，要注意哪些安全问题？

考核评价

考 核 内 容	配分	评 分 细 则		得分
电动机额定电压为380V，额定功率为2.8kW，操作开关的选择	10	开关类型(2分)		
		开关型号(2分)		
		开关额定电流(2分)		
		开关检测(4分)		
熔断器选择(电动机参数与开关相同)	10	熔断器类型(2分)		
		熔断器型号(2分)		
		熔断器规格(3分)		
		熔体额定电流(3分)		
元器件安装	10	按照布置图及其尺寸安装(7分，尺寸不对每处扣1分)		
		安装牢固、整齐(3分，不符合要求每处扣1分)		
布线	20	按照接线图接线并实现功能(10分)		
		布线符合工艺要求(10分，不符合要求每处扣1分)		
通电试车	30	安全措施(10分)		
		试车操作(10分)		
		故障排除(10分)		
安全、文明生产	10	遵守安全操作规程(3分，违反一次扣10分)		
		材料摆放规范、整齐(3分)		
		完成任务，清理场地(4分)		
考核时间	10	定额时间90min，最大延时30min，每超过15min(不足15min以15min计)扣5分		
完成本次工作任务的评价				
小组同学对你完成本次工作任务的评价				
教师对你完成本次工作任务的评价				
备注		各项目的最高扣分不应超过配分分数，60分以下不合格	成绩	

知识拓展

一、安全用电原则

1）不靠近高压带电体（室外高压线、变压器旁），不接触低压带电体。

2）不用湿手扳开关、插入或拔出插头。

3）安装、检修电器应穿绝缘鞋，站在绝缘体上，且要切断电源。

4）禁止用铜丝代替熔丝，禁止用橡皮胶代替电工绝缘胶布。

5）在电路中安装触电保护器，并定期检验其灵敏度。

6）下雷雨时，不使用收音机、录像机、电视机，且拔出电源插头，拔出电视机天线插头。暂时不使用电话，如一定要用，可用免提功能。

7）严禁私拉乱接电线，禁止学生在寝室使用电炉、"热得快"等电器。

8）不在架着电缆、电线的下面放风筝和进行球类活动。

二、用电注意事项

1）人的安全电压是不高于36V。

2）使用测电笔不能接触笔尖的金属杆。

3）功率大的用电器一定要接地线。

4）不能用身体连通相线和地线。

5）使用的用电器总功率不能过高，否则会引起电流过大而引发火灾。

6）有人触电时不能用身体拉他，应立刻关掉总开关，然后用干燥的木棒将人和电线分开。

项目二
点动控制线路的安装

项目一中砂轮机控制线路属于电动机手动正转控制线路，这种电路的优点是所用元器件少、电路简单，缺点是操作劳动强度大、安全性差，且不便于实现远距离控制和自动控制。图 2-1 所示为 CA6140 型车床，操作人员在需要快速移动车床刀架时，只要按下按钮，刀架就会快速移动；松开按钮，刀架就会立即停止移动。

车床刀架快速移动控制线路采用的是点动控制，它通过按钮和交流接触器来实现线路的自动控制。通过完成车床刀架快速移动控制线路安装这个工作任务，学会在控制线路中按钮和交流接触器的选用、安装，学会点动控制线路的安装。

工作任务

图 2-2 是车床刀架快速移动电机点动控制原理图，请根据需要选择相应的电气元件后，在指定的线路板上安装电源开关、熔断器、按钮和交流接触器，连接刀架快速移动电机的控制线路，最后在教师的监护下，完成线路的检查和通电运行。

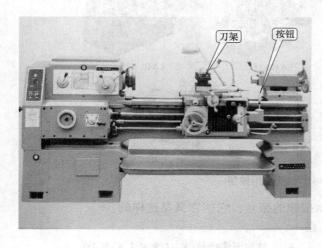

图 2-1　CA6140 型车床

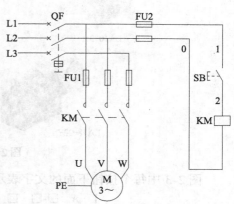

图 2-2　车床刀架快速移动
电机控制原理图

边做边学

一、认识电路工作原理

该控制线路是采用按钮和接触器控制的点动控制线路，在线路中，QF 是电源开关，负责整个电路电源的通断；FU1 是主电路作短路保护的熔断器，FU2 是作控制线路短路保护的熔断器；KM 是控制电动机运转的交流接触器；SB 是控制交流接触器线圈通电、断电的按钮。

合上电源开关 QF→按下按钮 SB→交流接触器 KM 的线圈得电→KM 的主触头闭合→电动机起动运行。

松开按钮 SB→交流接触器 KM 的线圈失电→KM 的主触头断开→电动机停止运行。

二、按钮的选择

按钮是常用的主令电器之一，所谓主令电器就是用来接通和断开控制电路，以发出指令或作程序控制的开关电器。

1. 认识按钮

按钮是一种结构简单、应用非常广泛的主令电器，主要用来接通或断开控制电路。一般情况下按钮不直接控制主电路的通断，而是在控制线路中发出手动"指令"去控制接触器、继电器等电器，再由它去控制主电路。因此按钮的触头允许通过的电流很小，一般不超过 5A。

目前使用较多的部分按钮的外形如图 2-3 所示。

LA10-3H　　　　　LA19-11　　　　　LA18-22J

LA18-22Y　　　　　　　　LA18-22X

图 2-3　部分常用按钮

图 2-3 中每个按钮下面的文字表示按钮的型号，它的含义是这样的：

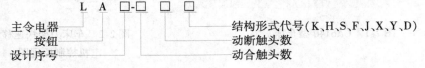

其中结构形式代号的含义如下：

K——开启式，适用于嵌装在操作面板上。

H——保护式，带保护外壳，可防止内部零件受机械损伤或人偶然触及带电部分。

S——防水式，具有密封外壳，可防止雨水侵入。

F——防腐式，能防止腐蚀性气体进入。

J——紧急式，带有红色大蘑菇头，作紧急切断电源用。

X——旋钮式，用旋钮旋转操作，有通、断两个位置。

Y——钥匙式，用钥匙插入进行操作，可供专人操作或防止误操作。

D——光标式，按钮内装有信号灯，兼作指示灯。

2. 按钮的结构与符号

按钮按用途和触头的结构不同可分为动合（常开）按钮、动断（常闭）按钮及复合（动合、动断组合成一体的）按钮。复合按钮的结构如图2-4所示。

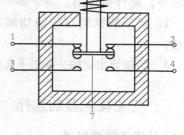

图 2-4 复合按钮的结构
1、2—动断静触头 3、4—动合静触头
5—复位弹簧 6—按钮帽 7—桥式动触头

动合按钮：未按下时，触头是断开的；按下时触头闭合；松开后，按钮自动复位。

动断按钮：与动合按钮相反，未按下时，触头是闭合的；按下时触头断开；松开后，按钮自动复位。

复合按钮：将动合、动断按钮组合为一体。按下复合按钮时，其动断触头先断开，然后动合触头再闭合；而松开时，动合触头先断开，然后动断触头再闭合。

按钮在电路图中的电气符号如图2-5所示。

3. 按钮的选用

1）根据使用场合和具体用途选择按钮种类。例如：嵌放在操作面板上的按钮可选用开启式；需显示工作状态的按钮选用光标式；在非常重要的场合，为防止无

图 2-5 按钮的电气符号

关人员误操作宜用钥匙操作式；在有腐蚀性气体处要用防腐式等。

2）根据工作状态指示和工作情况要求，选择按钮的颜色。例如：起动按钮可选用白、灰或黑色，优先选用白色，也允许选用绿色；急停按钮应选用红色；停止按钮可选用黑、灰或白色，优先选用黑色，也允许选用红色。

3）根据控制电路的需要选择按钮的数量，例如：单联钮、双联钮、三联钮等。

4. 按钮的安装与使用

1）按钮的安装应牢固，按钮的金属板或金属按钮盒必须可靠接地。

2）按钮安装在面板上时，应布置整齐，排列合理，如根据电动机起动的先后顺序，从上到下或从左到右排列。

3）同一机床运动部件有几种不同的工作状态时（如上、下、前、后、松、紧等），应使每一对相反状态的按钮安装在一组。

4）由于按钮的触头间距较小，如有油污等极易发生短路故障，所以应注意保持触头间的清洁。

5）光标按钮一般不宜用于需长期通电显示处，以免塑料外壳过度受热而变形，使更换指示灯困难。

想一想

1. 在日常生活或实际生产中找一找与图 2-3 所示相似的按钮，说明它们用在什么地方，起什么作用，属于哪一种结构形式。

2. 能不能找到与按钮功能类似，但结构不同的电器？能否说出它们的名称和特点？

3. 当按钮出现触头接触不良或触头间短路时，能不能找出原因，并进行正确的处理？

三、交流接触器的选择

1. 认识交流接触器

接触器是一种自动的电磁式开关，适用于远距离频繁地接通或断开交直流主电路及大容量控制线路，具有欠电压释放保护功能、工作可靠、操作频率高、使用寿命长等优点，按照主触头流过的电流种类，可分为交流接触器和直流接触器两大类。目前常用的 CJ20 系列交流接触器的外形如图 2-6 所示。

交流接触器的型号及含义如下：

图 2-6　CJ20 系列交流接触器

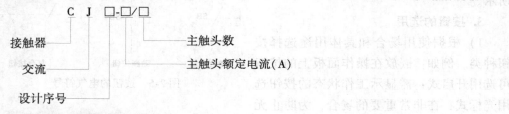

2. 交流接触器的结构符号

交流接触器主要由电磁系统、触头系统、灭弧装置及辅助部件等组成。交流电磁铁的铁心由硅钢片叠压而成，并在端面上嵌有短路环，用以消除电磁系统的振动和噪声。交流接触器的触头分为主触头和辅助触头两大类：主触头用来通断电流较大的主电路，一般由三对接触面较大的动合（常开）触头组成；辅助触头用来通断电流较小的控制电路，一般由两对动合（常开）和两对动断（常闭）触头组成。

所谓的触头动合和动断，是指电磁系统未通电动作时触头的状态。动合和动断触头是联动的。当线圈通电时，动断触头先断开，动合触头随后闭合；而当线圈断电时，动合触头先恢复断开，随后动断触头恢复闭合。两种触头再改变工作状态时，先后有个时

间差，尽管这个时间差很短，但对
分析电路的控制原理却很重要。

　　交流接触器在电路中的电气符
号如图 2-7 所示。

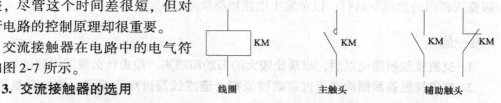

线圈　　　　　　　主触头　　　　　　　辅助触头

3. 交流接触器的选用

　　1）根据所要控制的电动机或

图 2-7　交流接触器的电气符号

负载的电流类型来选择接触器的类
型。通常交流负载选用交流接触器，直流负载选用直流接触器。如果控制系统中主要是
交流负载，而直流负载容量较小时，也可以用交流接触器控制直流负载，但触头的额定
电流应适当选择大一些。

　　2）接触器主触头的额定电压应大于或等于负载回路的额定电压。

　　3）接触器控制电阻性负载时，主触头的额定电流应等于负载回路的额定电流；控
制电动机时，主触头的额定电流应大于电动机的额定电流。接触器若在需要频繁起动、
制动及正反转的场合使用，应将接触器的主触头的额定电流降低一个等级。

　　4）当控制线路简单、使用电器较少时，可以直接选用吸引线圈额定电压为 380V
或 220V 的交流接触器；若线路较复杂、使用电器的个数超过 5 只时，可选用吸引线圈
电压为 36V 或 110V 的接触器，以保证安全。

　　5）接触器的触头数量、种类等应满足控制线路的要求。

4. 交流接触器的安装与使用

（1）安装前的检查

　　1）检查接触器的铭牌与线圈的数据（如额定电压、电流、操作频率等）是否符合
实际使用要求。

　　2）检查接触器外观，应无机械损伤；用手推动接触器可动部分时，接触器应动作
灵活，无卡阻现象；灭弧罩应完整无损，固定牢固。

　　3）有条件的情况下，还应测量接触器的线圈电阻和绝缘电阻是否符合要求。

（2）接触器的安装

　　1）交流接触器一般应安装在垂直面上，倾斜度不得超过 5°；若有散热孔，则应将
有孔的一面放在垂直方向上，以利于散热，并按规定留有适当的飞弧空间，以免飞弧烧
坏相邻电器。

　　2）安装和接线时，注意不要将零件掉落到接触器内部。安装孔的螺钉应装有弹簧
垫圈和平垫圈，并拧紧螺钉以防振动松脱。

　　3）安装完毕，检查接线正确无误后，在主触头不带电的情况下操作几次，然后测
量产品的动作值和释放值，所测数值应符合产品的规定要求。

（3）接触器在使用时的日常维护

　　1）应对接触器进行定期检查，观察螺钉有无松动，可动部分是否灵活等。

　　2）接触器的触头应定期检查清理，保持清洁，但不允许涂油。当触头表面因电灼
作用形成金属小颗粒时，应及时清除。

　　3）拆装时注意不要损坏灭弧罩。带灭弧罩的交流接触器决不允许在不带灭弧罩或

带破损灭弧罩的情况下运行，以免发生电弧短路故障。

> **想一想**
>
> **1.** 交流接触器通电以后，出现比较大的振动和噪声，是由什么原因引起的？
>
> **2.** 交流接触器线圈的电压过高或过低都会造成线圈过热而烧毁，你知道是为什么吗？
>
> **3.** 某机床有一台电动机，需要频繁起动，额定功率为 5.5kW，额定电流为 11.6A，额定电压为 380V，试选择控制用的交流接触器的型号。

四、刀架快速移动控制线路安装

1. 准备工具、仪表及器材

1）工具：测电笔、旋具、尖嘴钳、斜口钳、电工刀等电工常用工具。

2）仪表与设备：MF47 型万用表、亚龙 YL-210-Ⅱ型电气装配实训台。

3）器材：在亚龙 YL-210-Ⅱ型电气装配实训台上选取表 2-1 所列器材进行训练，所用导线采用铝芯线，规格是 BLV1 × 2.5mm^2，导线数量由教师根据实际情况确定；紧固螺钉、螺母等也根据实际需要发给。

表 2-1　器材明细表

代号	名　称	型号	规格	数量
M	三相笼型异步电动机	WDJ26		1 台
QF	低压断路器	DZ108-20		1 只
FU	熔断器	RL1-15	熔体 15A	5 只
SB	按钮	LA10-3H		1 只
KM	交流接触器	CJ20		1 只
	铝芯线	BLV1	2.5mm^2	20m
XT	端子板	JF-2.5/5		3 块

2. 固定安装电气元件

检查所给电气元件是否良好，如有问题及时跟老师提出。在老师指导下在亚龙 YL-210-Ⅱ型电气装配实训台上，根据布置图在网孔板上固定电气元件，如图 2-8 所示。

3. 连接电路

根据图 2-9 所示的接线图和板前明线布线工艺要求，连接控制线路，完成连接的电路如图 2-10 所示。

4. 线路检查

1）按照线路图或接线图，从电源端开始逐段核对接线是否正确，有无漏接、错接之处；检查导线触头是否符合要求，压接是否牢固；检查触头接触是否良好，以避免带负载运转时产生闪弧现象。检查编号管的编号与接线图是否一致。

图 2-8 点动控制线路元件布置图

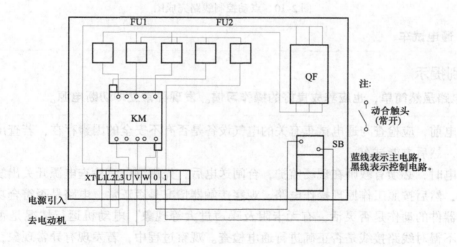

图 2-9 点动控制线路接线图

2）用万用表检查线路的通断情况。检查时，一般应选用 R×1 或 R×10 倍率挡，并进行调零，以防发生短路故障。检查电路时，可将表笔分别搭在电路的任意两条相线上，即测三次，读数应为电动机绕组的电阻，若三次测定结果不为零且阻值大小基本相同，电路连接正确。

3）用兆欧表检查线路的绝缘电阻值，应不小于 2MΩ。

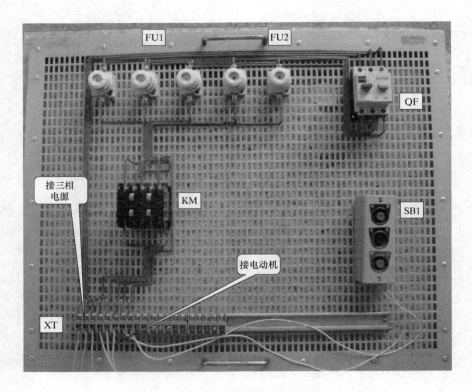

图 2-10　点动控制线路完成图

5. 通电试车

> **特别提示**
>
> 电路虽然简单，也应养成良好的操作习惯。发现异常立即切断电源。

通电前，应检查与通电试车有关的电气设备是否有不安全的因素存在，若查出应立即整改，然后方能试车。

通电时，必须有教师在现场监护，合闸送电后，先用测电笔检查电源开关出线端是否有电，然后按照工作原理操作电路。观察接触器情况是否正常，电路是否符合功能要求，元器件的动作是否灵活，有无卡阻及噪声过大等现象，电动机运行情况是否正常等。但不得对线路接线是否正确进行通电检查。观察过程中，若发现有异常现象，应立即停车。

出现故障后，要停电进行检修。检修完毕后，如需再次试车，要请老师在现场监护。

当电动机运转平稳后，用钳形电流表测量三相电路是否平衡。

通电试车结束后，应等电动机停转后，再切断电源开关 QF。拆线时，先拆三相电源线，再拆电动机线，最后拆板上导线和电气元件。

最后按照实训室管理规定，整理好实训台和实训室，经教师同意方可离开实训室。

想一想

1. 仔细观察实训所用的电动机，了解该电机的额定电压、额定电流、额定功率及接法。

2. 图 2-2 中，接触器的文字符号 KM 为什么出现在两个不同的地方，它们分别代表了什么？

3. 图 2-2 中，熔断器的文字符号为什么用 FU1 和 FU2 分别标注，而不是统一用 FU 标注？

考核评价

考 核 内 容	配分	评 分 细 则	得分
按钮的选择	10	按钮类型(2分)	
		按钮型号(2分)	
		按钮额定电流(2分)	
		按钮检测(4分)	
接触器的选择	10	接触器类型(2分)	
		接触器型号(2分)	
		接触器规格(3分)	
		接触器定电流(3分)	
元器件安装	10	按照布置图及其尺寸安装(7分,尺寸不对每处扣1分)	
		安装牢固、整齐(3分,不符合要求每处扣1分)	
布线	20	按照接线图接线并实现功能(10分)	
		布线符合工艺要求(10分,不符合要求每处扣1分)	
通电试车	30	安全措施(10分)	
		试车操作(10分)	
		故障排除(10分)	
安全、文明生产	10	遵守安全操作规程(3分,违反一次扣10分)	
		材料摆放规范、整齐(3分)	
		完成任务,清理场地(4分)	
考核时间	10	定额时间90min,最大延时30min,每超过15min(不足15min以15min计)扣5分	
完成本次工作任务的评价			
小组同学对你完成本次工作任务的评价			
教师对你完成本次工作任务的评价			
备注		各项目的最高扣分不应超过配分分数,60分以下不合格	成绩

板前布线的工艺要求

线路安装采用从正面修改的板前明线配线。根据接线图布线，将剥去绝缘层的两端线头套上标有与电路图相一致编号的编码套管。

板前布线的工艺要求：

1）板前布线要求布线通道尽可能少，同路并行，导线按主、控电路分类集中，单层密排，紧贴安装面。

2）同一平面导线应高低一致或前后一致，不能交叉，非交叉不可时，可在另一导线因进入触头而抬高时从其下空隙穿越，必须走线合理。

3）布线横平竖直、分布均匀，变换走向时应垂直，进出配电板从接线端子板引出。

4）导线与器件连接要求机械强度高、接触电阻小，应不露铜、不压绝缘层、不反圈（顺时针）。

5）布线按照先控制电路、后主电路的顺序进行，以不妨碍后续布线为原则。

6）一个电气元件接线端子上的连接导线不得超过2根，每节接线端子的连接导线一般只允许连接1根。

项目三
单向连续转动控制线路的安装

项目二中普通 CA6140 型车床的刀架快速移动电动机采用点动控制线路，该线路的特点是：只要按下按钮，刀架快速移动电动机就会起动运行；松开按钮，刀架快速移动电动机就会立即停止。而在 CA6140 型车床中的主轴电动机的控制线路是典型的自锁正转控制（带过载保护）线路，如图 3-1 所示，通过完成这个项目，可以了解热继电器的结构、选用、安装，学会自锁正转控制线路的安装。

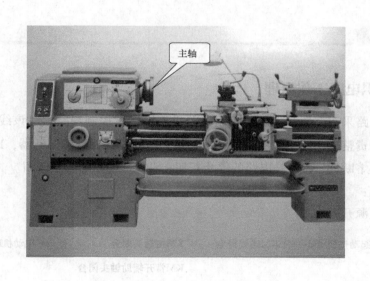

图 3-1　CA6140 型车床

工作任务

图 3-2 是车床主轴电动机控制线路电路原理图，请根据需要选择相应的电器元件后，在指定的电路板上安装电源开关、熔断器、按钮和交流接触器，连接主轴电动机控制线路，最后在教师的监护下，完成线路的检查和通电运行。

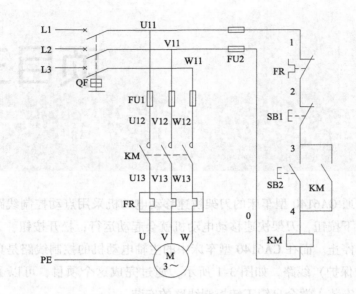

图 3-2　车床主轴电动机控制线路电路原理图

> 边做边学

一、认识电路工作原理

该控制线路采用按钮和接触器控制电动机连续运行控制线路，在该线路中，QF 是电源开关，负责整个电路电源的通断；FU1 是主电路短路保护的熔断器，FU2 是控制电路短路保护的熔断器；SB1 是电路的停止按钮；SB2 是电路的起动按钮。

工作原理：

先合上电源开关 QF。

起动：按下起动按钮SB2 ——→ KM线圈得电 ——→ KM主触头闭合 ——————————→ 电动机M起动连续运转。
　　　　　　　　　　　　　　　　　└──→ KM常开辅助触头闭合

当松开 SB2，其常开触头恢复分断后，因为接触器 KM 的常开辅助触头闭合时已将 SB2 短接，控制电路仍保持接通，所以接触器 KM 继续得电，电动机 M 实现连续运转，像这种当松开起动按钮后，接触器仍能通过自身常开辅助触头而使线圈保持得电的作用叫做自锁。与起动按钮并联在一起起自锁作用的接触器的常开辅助触头叫做自锁触头。

停止：按下停止按钮SB1 ——→ KM线圈失电 ——→ KM主触头断开 ——————————→ 电动机M失电停转。
　　　　　　　　　　　　　　　　　└──→ KM常开辅助触头断开

二、热继电器的选择

1. 热继电器实物（见图 3-3）

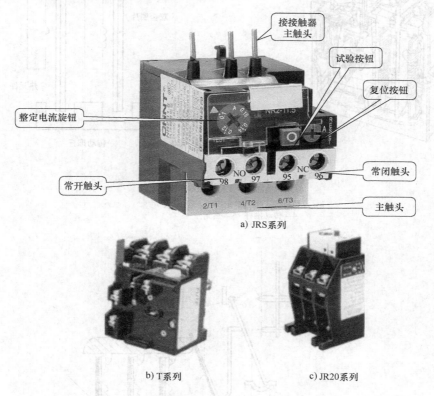

接接触器
主触头

试验按钮

复位按钮

整定电流旋钮

常闭触头

常开触头

主触头

a) JRS系列

b) T系列

c) JR20系列

图 3-3 常用热继电器

2. 热继电器内部结构及工作原理（以 T 系列为例）

如图 3-4 所示，热继电器由热元件、双金属片、触头系统等组成，其中双金属片是关键的测量元件。双金属片由两种热膨胀系数不同的金属通过机械碾压形成一体，热膨胀系数大的一侧称为主动层，小的一侧称为被动层。双金属片受热后产生热膨胀，但由于两层金属的热膨胀系数不同，且两层金属又紧密地结合在一起，致使双金属片向被动层一侧弯曲，因受热而弯曲的双金属片产生的机械力就带动动触头产生分断电路的动作。热继电器原理图中的热元件 13 串联在电动机定子绕组中，电动机绕组电流即为流过热元件的电流。

电动机正常运行时，热元件产生的热量虽能使双金属片 2 弯曲，但不足以使热继电器动作，只有当电动机过载时，热元件产生大量热量使双金属片弯曲位移增大从而推动导板 3 左移，通过补偿双金属片 14 与簧片 9 将动触头连杆 5 和静触头 4 分开。

动触头连杆 5 和静触头 4 是热继电器串联于接触器电气控制电路中的常闭触头，一旦两触头分开，就使接触器线圈断电，再通过接触器的常开主触头断开电动机的电源，保护电动机。

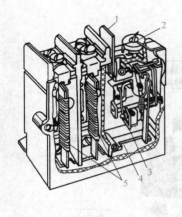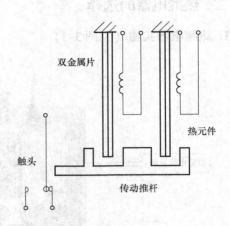

a) 两相热继电器工作原理示意图
1—复位杆 2—电流整定旋钮 3—触头
4—传动推杆 5—热元件

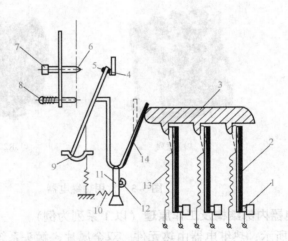

b) 三相热继电器工作原理示意图
1—固定柱 2—双金属片 3—导板 4、6—静触头 5—动触头连杆 7—螺钉 8—复位铵钮
9—簧片 10—弹簧 11—支撑杆 12—调节偏心轮 13—热元件 14—补偿双金属片

图 3-4 热继电器工作原理图

3. 热继电器图形文字符号（见图 3-5）

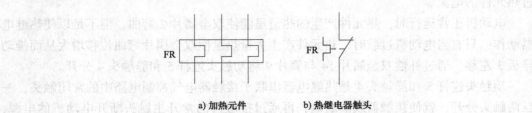

a) 加热元件   b) 热继电器触头

图 3-5 热继电器图形文字符号

4. 热继电器型号及含义

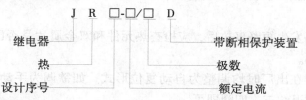

5. 热继电器选用

选择时主要根据所保护电动机的额定电流来确定热继电器的规格和热元件的电流等级。

1）根据电动机的额定电流来确定热继电器的规格。一般应使热继电器的额定电流略大于电动机的额定电流。

2）根据需要的整定电流值选择热元件的编号和电流等级。一般情况下，热元件的整定电流为电动机额定电流的 0.95～1.05 倍。但如果电动机拖动的是冲击性负载或起动的时间较长及在拖动的设备不允许停电的场合，热继电器的整定电流值可取电动机的额定电流的 1.1～1.5 倍。如果电动机的过载能力较差，热继电器的整定电流可取电动机额定电流的 0.6～0.8 倍。同时整定电流应留有一定的上下限调整余量。

3）根据电动机定子绕组的连接方式选择热继电器的结构形式，即定子绕组作丫联结的电动机选用普通三相结构的热继电器，而作△联结的电动机则应选用三相结构带断相保护装置的热继电器。

4）热继电器热元件的额定电流按被保护电动机的额定电流选用，即热元件的额定电流应接近或略大于电动机额定电流。对于星形接法的电动机可选用两相结构的热继电器，而对于三角形接法的电动机则选用三相结构或三相结构带断相保护的热继电器。

6. 热继电器的安装、使用和维护

1）热继电器安装接线时，应清除触头表面的污垢，以避免电路不通或因接触电阻太大而影响热继电器的动作特性。

2）热继电器进线端子标志为 1/L1、3/L2、5/L3，与之对应的出线端子标志为 2/T1、4/T2、6/T3。

3）必须选用与所保护的电动机额定电流相同的热继电器，如不符合，则将失去保护作用。

4）热继电器除了接线螺钉外，其余螺钉均不得拧动，否则其保护特性就会改变。

5）热继电器进行安装接线时，必须切断电源。

6）当热继电器与其他电器安装在一起时，应将它安装在其他电器的下方，以免其动作特性受到其他电器发热的影响。

7）热继电器的主电路连接导线不宜太粗，也不宜太细。如连接导线过细，轴向导热性差，热继电器可能提前动作；反之，连接导线太粗，轴向导热快，热继电器可能滞后动作。

8）当电动机起动时间过长或操作次数过于频繁时，会使热继电器误动作或烧坏电器，故这种情况一般不用热继电器作过载保护。

9）若热继电器双金属片出现锈斑，可用棉布蘸上汽油轻轻揩拭，切忌用砂纸打磨。

10）当主电路发生短路事故后，应检查热元件和双金属片是否已经发生永久变形，若已变形，应更换。

11）热继电器在出厂时均调整为自动复位形式。如欲调为手动复位，可将热继电器侧面孔内螺钉倒退约三、四圈即可。

12）热继电器脱扣动作后，若要再次起动电动机，必须待热元件冷却后，才能使热继电器复位。一般自动复位需待5min，手动复位需待2min。

13）热继电器的整定电流必须按电动机的额定电流进行调整，在作调整时，绝对不允许弯折双金属片。

14）为使热继电器的整定电流与负荷的额定电流相符，可以旋动调节旋钮使所需的电流值对准白色箭头，旋钮上的电流值与整定电流值之间可能有所误差，可在实际使用时按情况适当偏转。如需用两刻度之间整定电流值，可按比例转动调节旋钮，并在实际使用时适当调整。

想一想

1. 有一台额定电压为 380V、额定功率为 10kW 的三相交流异步电动机，请问如何选择热继电器？

2. 型号为 JR20—25 的热继电器，请说明型号中各个参数的含义。

三、车床主轴电动机控制线路的安装

1. 准备工具、仪表及器材

1）工具：测电笔、旋具、尖嘴钳、斜口钳、电工刀等电工常用工具。

2）仪表与设备：MF47 型万用表、亚龙 YL-210-Ⅱ型电气装配实训台。

3）器材：在亚龙 YL-210-Ⅱ型电气装配实训台上选取表 3-1 所列器材进行训练，所用导线采用铝芯线，规格是 BLV1 × 2.5mm²，导线数量由教师根据实际情况确定；紧固螺钉、螺帽等也根据实际需要发放。

表 3-1　器材明细表

代号	名　称	型号	规格	数量
M	三相笼型异步电动机	WDJ26		1 台
QF	低压断路器	DZ108-20		1 只
FU	熔断器	RL1-15	熔体 15A	5 只
SB	按钮	LA10-3H		1 只
KM	接触器	CJ20		1 只
FR	热继电器	JR36-20		1 只
	铝芯线	BLV	2.5mm²	20m
XT	端子板	JF-2.5/5		1 块

2. 固定安装电气元件

检查所给电气元件是否良好，如有问题及时跟指导教师提出。在教师指导下在亚龙 YL-210-Ⅱ型电气装配实训台上，根据布置图在网孔板上固定电气元件，如图 3-6 所示。

图 3-6　单向连续运转电气元件布置图

3. 连接线路

根据图 3-7 所示的接线图和板前明线布线工艺要求，连接控制线路，并根据接线图和板前明线布线工艺要求连接导线，完成连接的线路如图 3-8 所示。

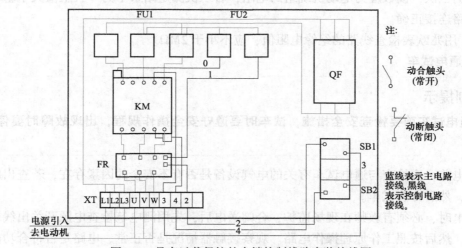

图 3-7　具有过载保护的自锁控制线路安装接线图

4. 线路检查

1）按照线路图或接线图，从电源端开始逐段核对接线是否正确，有无漏接、错接

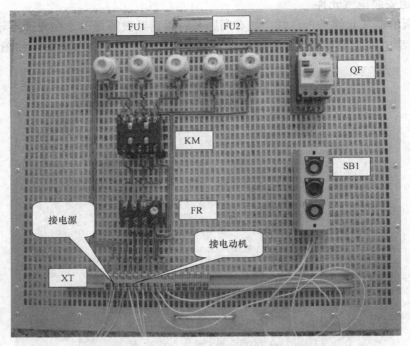

图 3-8 单向运转控制线路完成图

之处；检查导线接点是否符合要求，压接是否牢固；检查触头接触是否良好，以避免带负载运转时产生闪弧现象。检查编号管的编号与接线图是否一致。

2）用万用表检查线路的通断情况。检查时，一般应选用 R×1 或 R×10 倍率挡，并进行调零，以防发生短路故障。检查电路时，可将表笔分别搭在电路的任意两条相线上，即测三次，读数应为电动机绕组的电阻，若三次测定结果不为零且阻值大小基本相同，电路连接正确。

3）用兆欧表检查线路的绝缘电阻值，应不小于 2MΩ。

5. 通电试车

> **特别提示**
>
> 通电试车前要检查安全措施，试车时要遵守安全操作规程，出现故障时要停电检查。

通电前，应检查与通电试车有关的电气设备是否有不安全的因素存在，若查出应立即整改，然后方能试车。

通电时，必须有教师在现场监护，合闸送电后，先用测电笔检查电源开关出线端是否有电，然后按照工作原理操作电路。观察接触器情况是否正常，电路是否符合功能要求，元器件的动作是否灵活，有无卡阻及噪声过大等现象，电动机运行情况是否正常等。但不得对线路接线是否正确进行通电检查。在观察过程中，若发现有异常现象，应立即停车。

出现故障后，要停电进行检修。检修完毕后，如需再次试车，要请教师在现场监护。

当电动机运转平稳后，用钳形电流表测量三相电路是否平衡。

通电试车结束后，应等电动机停转后，再切断电源开关 QF。拆线时，先拆三相电源线，再拆电动机线，最后拆板上导线和电气元件。

最后按照实训室管理规定，整理好实训台和实训室，经教师同意方可离开实训室。

想一想

1. 电路中为什么要增加一个热继电器？
2. 熔断器和热继电器都是保护电器，两者能否相互代用？为什么？

考核评价

考核内容	配分	评分细则	得分
电动机额定电压 380V，额定功率 2.8kW，热继电器的选择	20	热继电器类型(4分)	
		热继电器型号(4分)	
		热继电器额定电流(4分)	
		热继电器检测(4分)	
		热继电器整定值的设定(4分)	
元器件安装	10	按照布置图及其尺寸安装(7分，尺寸不对每处扣1分)	
		安装牢固、整齐(3分，不符合要求每处扣1分)	
布线	20	按照接线图接线并实现功能(10分)	
		布线符合工艺要求(10分，不符合要求每处扣1分)	
通电试车	30	安全措施(10分)	
		试车操作(10分)	
		故障排除(10分)	
安全、文明生产	10	遵守安全操作规程(3分，违反一次扣10分)	
		材料摆放规范、整齐(3分)	
		完成任务，清理场地(4分)	
考核时间	10	定额时间90min，最大延时30min，每超过15min(不足15min以15min计)扣5分	
完成本次工作任务的评价			
小组同学对你完成本次工作任务的评价			
教师对你完成本次工作任务的评价			
备注		各项目的最高扣分不应超过配分分数，总分60分以下不合格	成绩

知识链接

一、热继电器的主要技术参数

JR36 系列热继电器的主要技术参数见表 3-2。

表 3-2　JR36 系列热继电器的主要技术参数

参 数 类 型			JR36-20	JR36-63	JR36-160
额定工作电流/A			20	63	160
额定绝缘电压/V			690	690	690
断相保护			有	有	有
手动与自动复位			有	有	有
温度补偿			有	有	有
测试按钮			有	有	有
安装方式			独立式	独立式	独立式
辅助触头			1NO + 1NC	1NO + 1NC	1NO + 1NC
AC-15 380V 额定电流/A			0.47	0.47	0.47
AC-15 220V 额定电流/A			0.15	0.15	0.15
导线截面积 /mm²	主电路	单心或绞合线	1.0 ~ 4.0	6.0 ~ 16	16 ~ 70
		接线螺钉	M5	M6	M8
	辅助电路	单心或绞合线	2 × (0.5 ~ 1)	2 × (0.5 ~ 1)	2 × (0.5 ~ 1)
		接线螺钉	M3	M3	M3

二、掌握用万用表电阻法查找故障的方法

1. 电阻分阶测量法

测量检查时，首先把万用表的转换开关位置于倍率适当的电阻挡，然后按如图 3-9 所示的方法进行测量。

断开主电路，接通控制电路电源。若按下起动按钮 SB1 时，接触器 KM 不吸合，则说明控制电路有故障。

检测时，首先切断控制电路电源（这点

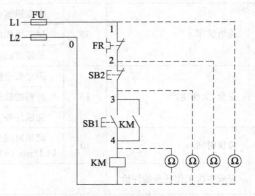

图 3-9　电阻分阶测量法

与电压分阶测量法不同），然后一人按下 SB1 不放，另一人用万用表依次测量 0—1、0—2、0—3、0—4 各两点之间的电阻值，根据测量结果可找出故障点，见表 3-3。

2. 电阻分段测量法

测量检查时，首先切断电源，然后把万用表的转换开关置于倍率适当的电阻挡，并

表 3-3 电阻分阶测量法查找故障点

故障现象	测试状态	0—1	0—2	0—3	0—4	故障点
按下 SB1 时， KM 不吸合	按 下 SB1 不放	∞	R	R	R	FR 动断(常闭)触头接触不良
		∞	∞	R	R	SB2 动断(常闭)触头接触不良
		∞	∞	∞	R	SB1 动合(常开)触头接触不良
		∞	∞	∞	∞	KM 线圈断路

注：R 为 KM 线圈电阻值。

逐段测量如图 3-10 所示相邻两点 1—2、2—3、3—4（测量时由一人按下 SB2）、4—0 之间的电阻。如果测得某两点间电阻值很大（∞），即说明该两点间接触不良或导线断路，见表 3-4。

电阻分段测量法的优点是安全，缺点是测量电阻值不准确时，易造成判断错误，为此应注意以下几点：

1）用电阻测量法检查故障时，一定要先切断电源。

2）所测量电路若与其他电路并联，必须将该电路与其他电路断开，否则所测电阻值不准确。

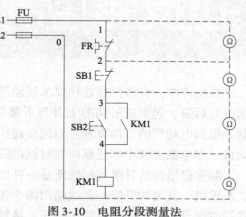

图 3-10 电阻分段测量法

3）测量高电阻电气元件时，要将万用表的电阻挡转换到适当挡位。

表 3-4 电阻分段测量法查找故障点

故 障 现 象	测量点	电阻值	故 障 点
按下 SB2 时，KM1 不吸合	1—2	∞	FR 动断(常闭)触头接触不良或误动作
	2—3	∞	SB1 动断(常闭)触头接触不良
	3—4	∞	SQ 动断(常闭)触头接触不良
	4—0	∞	KM1 线圈断路

项目四
正反转控制线路的安装

　　在生产中，许多机械往往要求运动部件能向正、反两个方向运动。如机床工作台的前进与后退、起重机吊钩的上升与下降等。这些生产机械要求电动机能实现正反转控制。根据电动机的工作原理，当改变通往电动机定子绕组的三相电源相序，即把接入电动机三相电源进线中的任意两相对调接线时，电动机就可以反转。

　　起重机吊钩的升降控制线路是一种比较典型的正反转控制线路，如图4-1所示为桥式起重机，其吊钩升降控制线路用两个接触器来进行电源相序的切换，为防止两个接触器同时吸合，电路中还设置了按钮、接触器双重联锁，通过这个项目的安装，可以学会电动机正反转的控制方法和联锁保护的原理。

图4-1　桥式起重机

工作任务

　　图4-2是起重机吊钩升降电机控制线路电路原理图，请根据需要选择相应的电气元件后，在指定的线路板上安装电源开关、熔断器、按钮和交流接触器，连接起重机吊钩升降电机的控制线路，最后在教师的监护下，完成线路的检查和通电运行。

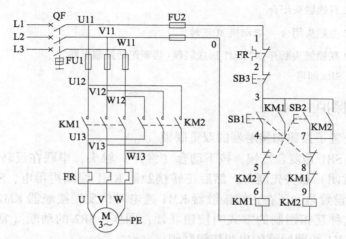

图 4-2　起重机吊钩升降电机控制线路电路原理图

边做边学

一、认识电路工作原理

　　该控制线路是采用按钮和接触器双重联锁正反转控制线路，在线路中，QF 是电源开关，控制整个电路电源的通断；FU1 是主电路短路保护的熔断器，FU2 是控制电路短路保护的熔断器，KM1 是控制电动机正转运行的交流接触器；KM2 是控制电动机反转运行的交流接触器；SB1 是控制交流接触器线圈 KM1 通电和 KM2 断电的按钮；SB2 是控制交流接触器线圈 KM2 通电和 KM1 断电的按钮；SB3 是停止按钮；FR 是提供电动机过载保护的热继电器。

　　工作原理：

　　合上电源开关 QF。

　　正转时：

按下 SB1
- →SB1 动断（常闭）触头先断开对 KM2 的联锁（切断反转控制电路）
- →SB1 动合（常开）触头后闭合→KM1 线圈通电→

- →KM1 自锁触头闭合自锁
- →KM1 主触头闭合→电动机 M 正转
- →KM1 联锁触头断开，对 KM2 形成联锁（切断反转控制电路）

　　反转时：

按下 SB2
- →SB2 动断（常闭）触头先断开（切断正转控制电路）→（1）
- →SB2 动合（常开）触头后闭合→KM2 线圈通电→（2）

- →KM1 自锁触头断开解除自锁

（1）→KM1 线圈断电
- →KM1 主触头断开→电动机 M 断电停转
- →KM1 联锁触头恢复闭合

　　　　　　┌→KM2 自锁触头闭合

（2）──┼→KM2 主触头闭合→ 电动机 M 正转

　　　　　　└→KM2 联锁触头断开,对 KM1 形成联锁(切断正转控制电路)

停止时，按下 SB3 即可。

二、联锁保护

在电路里设置了按钮和接触器的双重联锁。

按钮联锁：SB1 是复合按钮，按下动合（常开）触头，串联在反转接触器 KM2 线圈里的动断（常闭）触头先断开，然后正转接触器 KM1 线圈再得电，SB1 的这个动断（常闭）触头的设置是为了在正转接触器 KM1 通电时使反转接触器 KM2 不能通电，以免电源短路，这种互相钳制的方式叫按钮联锁；同样，SB2 的动断（常闭）触头串联在正转接触器 KM1 线圈回路的也叫按钮联锁。

接触器联锁：在正转接触器 KM1 线圈通电电动机运行时，它串联在反转接触器 KM2 线圈回路中的辅助动断（常闭）触头断开，也是防止电源短路，用接触器辅助触头来实现联锁的叫接触器联锁。

两个联锁虽然都是为了避免电源短路，但按钮联锁主要解决的是电动机正反转的直接切换，即正转—反转，反转—正转，不需要在切换转向前先按停止按钮。接触器联锁可确保在正转接触器得电时反转接触器不会得电，即便接触器触头发生融焊反转接触器也不会得电。

想一想

1. 在实际生产中还有哪些电动机的控制是需要正反转控制的？
2. 在主电路连接时，是如何实现电源相序切换的？
3. 在控制电路中，使用双重联锁和单独使用按钮联锁或接触器联锁有什么区别？

三、电路原理图的识读

电路原理图简称电路图，是根据生产机械运动形式对电气控制系统的要求，采用国家统一规定的电气图形符号和文字符号，按照电气设备和电器的工作顺序，详细表示电路、设备或成套装置的全部基本组成和连接关系，而不考虑其实际位置的一种简图。

电路图能充分表达电气设备和电器的用途、作用和工作原理，是电气线路安装、调试和维修的理论依据。要了解电动机的控制，应先会识读电路图。

识读电路图时应了解以下原则：

1）电路图一般分为电源电路、主电路和辅助电路三部分。

① 电源电路画成水平线，三相交流电源相序 L1、L2、L3 自上而下依次画出，电源开关也要水平画出。

② 主电路是指受电的动力装置及控制、保护电器的支路等，由主熔断器、接触器的主触头、热继电器的热元件以及电动机等组成。主电路通过的电流是电动机的工作电流，电流较大。主电路图要画在电路图的左侧并与电源电路垂直。

③ 辅助电路一般包括控制主电路工作状态的控制线路；显示主电路工作状态的指示电路；提供机床设备局部照明的照明电路等。由主令电器的触头、接触器线圈及辅助触头、继电器线圈及触头、指示灯和照明灯等组成。辅助电路通过的电流都较小，一般不超过5A。辅助电路要跨接在两相电源线之间，按一定的顺序依次垂直画在主电路图的右侧。

2）电路图中，各电器的触头位置都按电路未通电或电器未受外力作用时的常态位置画出。分析原理时，也应从触头的常态位置出发。

3）电路图中，同一电器的各元件不是按它们的实际位置画在一起的，而是按其在线路中所起的作用分别画在不同的电路中，但它们的动作却是相互关联的，因此，它们都标有相同的文字符号。若图中相同的电器较多时，则在文字符号后加注不同的数字，以示区别，如SB1、SB2、KM1、KM2等。

4）电路图中的编号法则。

① 主电路中，从电源开关的出线端开始按相序依次编号为U11、V11、W11，然后按从上至下、从左至右的顺序，每经过一个电气元件，编号就要递增，如U12、V12、W12，U13、V13、W13等。单台三相交流电动机的三根引出线按相序依次编号为U、V、W。有多台电动机时，为了不引起误解和混淆，在字母前用不同的数字加以区别，如1U、1V、1W、2U、2V、2W等。

② 在辅助电路中，按"等电位"原则从上至下、从左至右的顺序用数字依次编号，每经过一个电气元件后，编号要依次递增。控制电路编号的起始数字是1；照明电路编号的起始数字是101；指示电路编号的起始数字是201。

四、起重机吊钩升降电动机控制线路的安装

1. 准备工具、仪表及器材

1）工具：测电笔、旋具、尖嘴钳、斜口钳、电工刀等电工常用工具。

2）仪表与设备：MF47型万用表、亚龙YL-210-Ⅱ型电气装配实训台。

3）器材：在亚龙YL-210-Ⅱ型电气装配实训台上选取表4-1所列的器材进行训练，所用导线为铝芯线，规格是BLV1×2.5mm²，导线数量由教师根据实际情况确定；紧固螺钉、螺母等也根据实际需要发给。

表4-1 器材明细表

代号	名　称	型号	规格	数量
M	三相笼型异步电动机	WDJ26		1台
QF	低压断路器	DZ108-20		1只
FU	熔断器	RL1-15	熔体15A	5只
SB	按钮	LA10-3H		1只
KM	交流接触器	CJ20		2只
FR	热继电器	JR36-20		1只
	铝芯线	BLV1	2.5mm²	20m
XT	端子板	JF-2.5/5		3块

2. 固定安装电气元件

检查所给电气元件是否良好，如有问题及时跟老师提出。在老师指导下在亚龙 YL-210-Ⅱ型电气装配实训台上，根据布置图在网孔板上固定电气元件，如图 4-3 所示。

图 4-3　按钮接触器双重联锁控制线路元件布置图

3. 连接线路

根据图 4-4 和图 4-5 所示的接线图和板前明线布线工艺要求，连接控制线路，完成连接的线路如图 4-6 所示。

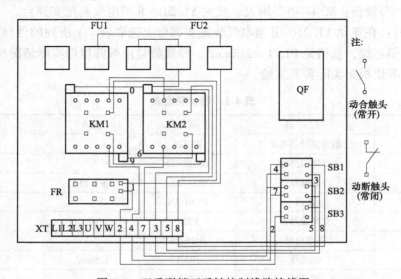

图 4-4　双重联锁正反转控制线路接线图

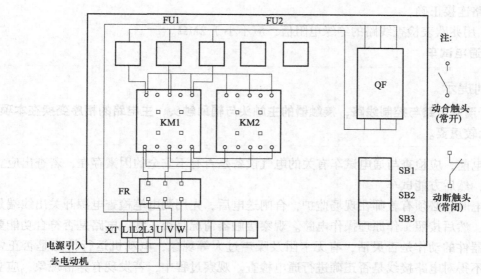

图 4-5　双重联锁正反转主电路接线图

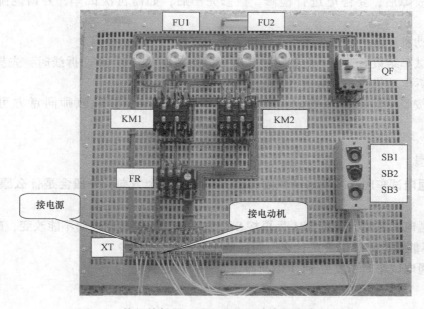

图 4-6　按钮接触器双重联锁正反转控制线路完成图

4. 线路检查

1）按照线路图或接线图，从电源端开始逐段核对接线是否正确，有无漏接、错接之处；检查导线接点是否符合要求，压接是否牢固；检查触头接触是否良好，以避免带负载运转时产生闪弧现象。检查编号管的编号与接线图是否一致。

2）用万用表检查线路的通断情况。检查时，一般应选用 R×1 或 R×10 倍率挡，并进行调零，以防发生短路故障。检查电路时，可将表笔分别搭在电路的任意两条相线上，即测三次，读数应为电动机绕组的电阻，若三次测定结果不为零且阻值大小基本相同，电路连接正确。

3）用兆欧表检查线路的绝缘电阻值，应不小于2MΩ。

5. 通电试车

特别提示

分清主电路与控制线路，接触器的主触头与辅助触头，主电路的相序变换在本项目中比较重要。

通电前，应检查与通电试车有关的电气设备是否有不安全的因素存在，若查出应立即整改，然后方能试车。

通电时，必须有教师在现场监护，合闸送电后，先用测电笔检查电源开关出线端是否有电，然后按照工作原理操作电路。观察接触器情况是否正常，电路是否符合功能要求，元器件的动作是否灵活，有无卡阻及噪声过大等现象，电动机运行情况是否正常等。但不得对电路接线是否正确进行通电检查。观察过程中，若发现有异常现象，应立即停车。

出现故障后，要停电进行检修。检修完毕后，如需再次试车，要请老师在现场监护。

当电动机运转平稳后，用钳形电流表测量三相电路是否平衡。

通电试车结束后，应等电动机停转后，再切断电源开关 QF。拆线时，先拆三相电源线，再拆电动机线，最后拆板上导线和电气元件。

最后按照实训室管理规定，整理好实训台和实训室，经教师同意方可离开实训室。

想一想

1. 通电试车时，发现电动机的转动方向总是一个方向，一般会是什么原因，如何检查？

2. 通电试车时，先按 SB1 后再按 SB2 发现电动机的转动方向不能改变，KM2 接触器也不能得电，一般会是什么原因，首先应该检查哪里？

3. 通电试车时，发生 FU1 熔断器熔断，如何检查？

考核评价

考核内容	配分	评分细则	得分
按钮的选择	10	按钮类型(2分)	
		按钮型号(2分)	
		按钮额定电流(2分)	
		按钮检测(4分)	

（续）

考 核 内 容	配分	评 分 细 则	得分
接触器的选择	10	接触器类型(2分)	
		接触器型号(2分)	
		接触器规格(3分)	
		接触器额定电流(3分)	
元器件安装	10	按照布置图及其尺寸安装(7分,尺寸不对每处扣1分)	
		安装牢固、整齐(3分,不符合要求每处扣1分)	
布线	20	按照接线图接线并实现功能(10分)	
		布线符合工艺要求(10分,不符合要求每处扣1分)	
通电试车	30	安全措施(10分)	
		试车操作(10分)	
		故障排除(10分)	
安全、文明生产	10	遵守安全操作规程(3分,违反一次扣10分)	
		材料摆放规范、整齐(3分)	
		完成任务,清理场地(4分)	
考核时间	10	定额时间90min,最大延时30min,每超过15min(不足15min以15min计)扣5分	
完成本次工作任务的评价			
小组同学对你完成本次工作任务的评价			
教师对你完成本次工作任务的评价			
备注		各项目的最高扣分不应超过配分分数,总分60分以下不合格	成绩

知识链接

一、电动机正反转的原理

1. 旋转磁场的产生

电动机三相定子绕组通入的是三相交流电，相序为 U—V—W，设 i_U 的初相位为 0，就有三相交流电 $i_U = I_m \sin \omega t$，$i_V = I_m \sin(\omega t - 120°)$，$i_W = I_m \sin(\omega t - 240°)$。用图形表示，如图 4-7 所示。

电流通过三相绕组，绕组周围就出现磁场，这个磁场按一定规律分布在定、转子铁心和气隙中，并绕着一个轴在空间不断地旋转，但定子绕组是静止不动的。

定子绕组流过对称的三相电流，电流的大小、方向随时间作周期性的变化。选择几个瞬间来看磁场的变化。将绕组的示意图画成剖面图，下面绕组中电流为"＋"时流入绕组，为"－"时流出绕组，如图4-8所示。用"×"表示电流流入，用"·"表示电流流出，再用右手安培定则判断电流产生的磁场，一起画于图中，可见磁场的方向指向。

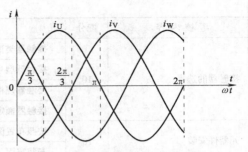

图4-7 三相交流电正序波形图

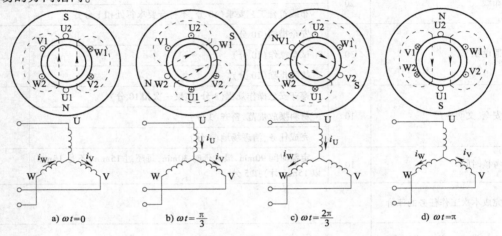

a) $\omega t=0$　　　b) $\omega t=\dfrac{\pi}{3}$　　　c) $\omega t=\dfrac{2\pi}{3}$　　　d) $\omega t=\pi$

图4-8 旋转磁场产生的示意图

图4-8中画出了几个瞬间的磁场变化，在图4-8a中，$\omega t=0$，$i_U=0$，$i_V=-\dfrac{\sqrt{3}}{2}I_m$，$i_W=\dfrac{\sqrt{3}}{2}I_m$；在图4-8b中，$\omega t=\dfrac{\pi}{3}$，$i_U=\dfrac{\sqrt{3}}{2}I_m$，$i_V=-\dfrac{\sqrt{3}}{2}I_m$，$i_W=0$；在图4-8c中，$\omega t=\dfrac{2\pi}{3}$，$i_U=\dfrac{\sqrt{3}}{2}I_m$，$i_V=0$，$i_W=-\dfrac{\sqrt{3}}{2}I_m$；在图4-8d中，$\omega t=\pi$，$i_U=0$，$i_V=\dfrac{\sqrt{3}}{2}I_m$，$i_W=-\dfrac{\sqrt{3}}{2}I_m$。当电流经过半个周期时，磁场顺时针旋转 π 弧度（180°）；如果电流经过一个周期，磁场顺时针旋转一周。由此可见，定子绕组通以三相交流电时，在空间就产生了旋转磁场。

经实验证明，电动机转子的方向与旋转磁场的方向相同。

2. 反向磁场的产生

如果电动机三定子绕组通入的三相交流电的相序为 U—W—V，设 i_U 的初相位为0，就有三相交流电 $i_U=I_m\sin\omega t$，$i_W=I_m\sin(\omega t-120°)$，$i_V=I_m\sin(\omega t-240°)$。用图形表示，如图4-9所示。

选择几个瞬间来看磁场的变化。将绕组的示意图画成剖面图，如图4-10所示。用"×"表示电流流入，用"·"表示电流流出，再用右手安培定则判断电流产生的磁场，一起画于图中，可见磁场的方向指向。

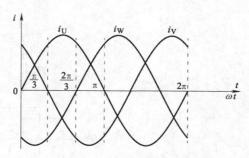

图 4-9 三相交流电逆序波形图

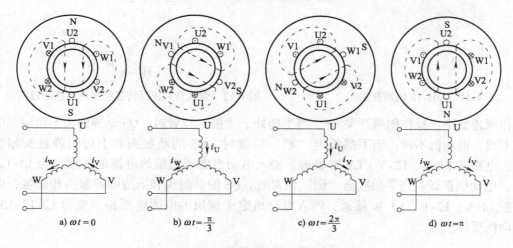

图 4-10 旋转磁场产生的示意图

图 4-10 中画出了几个瞬间的磁场变化，在图 4-10a 中，$\omega t = 0$，$i_U = 0$，$i_W = -\dfrac{\sqrt{3}}{2}I_m$，

$i_V = \dfrac{\sqrt{3}}{2}I_m$；在图 4-10b 中，$\omega t = \dfrac{\pi}{3}$，$i_U = \dfrac{\sqrt{3}}{2}I_m$，$i_W = -\dfrac{\sqrt{3}}{2}I_m$，$i_V = 0$；在图 4-10c 中，

$\omega t = \dfrac{2\pi}{3}$，$i_U = \dfrac{\sqrt{3}}{2}I_m$，$i_W = 0$，$i_V = -\dfrac{\sqrt{3}}{2}I_m$；在图 4-10d 中，$\omega t = \pi$，$i_U = 0$，$i_W = \dfrac{\sqrt{3}}{2}I_m$，

$i_V = -\dfrac{\sqrt{3}}{2}I_m$。当电流经过半个周期时，磁场逆时针旋转 π 弧度（180°）；如果电流经过一个周期，磁场逆时针旋转一周。

由此可见，改变电动机定子绕组所接电源的相序，就能改变电动机的方向。在实际生产中，如果发现电动机方向与生产工艺要求不同，只需任意对调两根电源线即可。不可调换三根电源线，那样电动机的方向仍然没有改变。

二、倒顺开关正反转控制线路

万能铣床主轴电动机的正反转控制是采用倒顺开关来实现的。K03-15 倒顺开关如图 4-11 所示。

倒顺开关正反转控制线路电路原理图如图 4-12 所示。

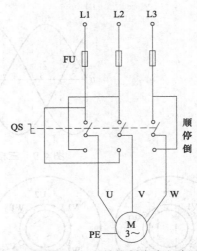

图 4-11　K03-15 倒顺开关　　　　　图 4-12　倒顺开关正反转控制线路电路原理图

工作原理如下：操作倒顺开关 QS，当手柄处于"停"位置时，QS 动静触头不接触，电路不通，电动机不转；当手柄扳至"顺"位置时，QS 的动触头和上边的静触头相接触，电路按 L1-U、L2-V、L3-W 接通，输入电动机定子绕组的电源电压相序为 L1-L2-L3，电动机正转；当手柄扳至"倒"位置时，QS 的动触头和下边的静触头相接触，电路按 L1-V、L2-U、L3-W 接通，输入电动机定子绕组的电源电压相序变为 L2-L1-L3，电动机反转。

项目五
自动往返控制线路的安装

在生产过程中，有些生产机械（如导轨磨床）的工作台要求在一定的行程内自动往返运动，以便实现对工件的连续加工，提高生产效率。这就需要电气控制线路能够控制电动机实现自动换接正反转。

导轨磨床如图 5-1 所示，它的工作台自动往返控制线路就是采用行程开关实现，通过自动往返控制线路安装的工作任务，学会选择行程开关，学会自动往返控制线路的安装。

图 5-1　导轨磨床

工作任务

图 5-2 是导轨磨床工作台的自动往返控制线路电路原理图，为了使电动机的正反转和工作台的左右运动相配合，在控制电路中设置了两个行程开关 SQ1 和 SQ2，在工作台的 T 形槽中装有两块挡铁，挡铁 1 只能和 SQ1 相碰撞，挡铁 2 只能和 SQ2 相碰撞。当工作台运动到所限位置时，挡铁碰撞行程开关，使其触头动作，自动换接电动机正反转控制电路，再通过机械传动机构使工作台自动往返运动。工作台行程可通过移动挡铁位置来调节，拉开两块挡铁间的距离，行程变短，反之则变长。

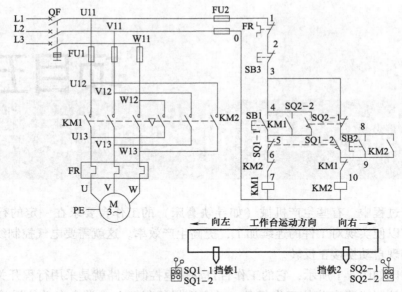

图 5-2　自动往返行程控制线路电路原理图

一、认识电路工作原理

该控制线路是行程开关控制的自动往返控制线路，在线路中，QF 是电源开关，负责整个短路电源的通断；FU1 是主电路短路保护的熔断器，FU2 是控制线路短路保护的熔断器；KM1 是控制电动机正转运行的交流接触器；KM2 是控制电动机反转运行的交流接触器；SB1 是控制交流接触器线圈 KM1 通电的按钮；SB2 是控制交流接触器线圈 KM2 通电的按钮；SB3 是停止按钮；SQ1 是控制 KM1 线圈断电和 KM2 线圈得电的行程开关；SQ2 是控制 KM2 线圈断电和 KM1 线圈得电的行程开关；FR 是提供电动机过载保护的热继电器。电路的工作原理如下：

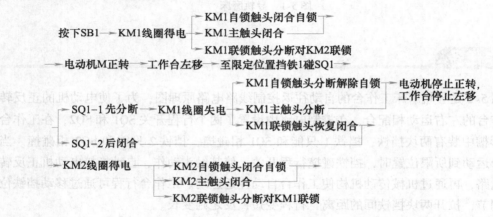

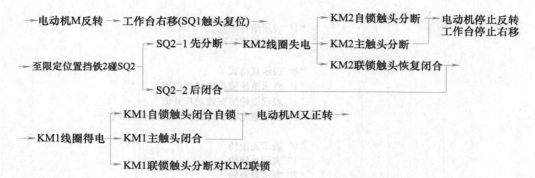

→ 电动机M反转 → 工作台右移(SQ1触头复位) ┌→ KM2自锁触头分断 → 电动机停止反转
工作台停止右移
┌─ SQ2-1 先分断 → KM2线圈失电 ─┤→ KM2主触头分断
→ 至限定位置挡铁2碰SQ2 ┤ └→ KM2联锁触头恢复闭合
└─ SQ2-2 后闭合

┌─ KM1自锁触头闭合自锁 ─ 电动机M又正转
→ KM1线圈得电 ─┤─ KM1主触头闭合
└─ KM1联锁触头分断对KM2联锁

→ 工作台又左移(SQ2触头复位) → …… 以后重复上述过程,工作台就在限定的行程内自动往返运动。

停止时,按下SB3 → 整个控制电路失电 → KM1(或KM2)主触头分断 → 电动机M失电停转
→ 工作台停止运动

这里 SB1 和 SB2 分别作为正转起动按钮和反转起动按钮,若起动时工作台在左端,则应按下 SB2 进行起动。

二、行程开关的选择

行程开关是位置开关（又称限位开关）的一种,是一种常用的小电流主令电器。利用生产机械运动部件的碰撞使其触头动作来实现接通或分断控制线路,达到一定的控制目的。通常,这类开关被用来限制机械运动的位置或行程,使运动机械按一定位置或行程自动停止、反向运动、变速运动或自动往返运动等。

1. 认识行程开关

在实际生产中,将行程开关安装在预先安排的位置,当装于生产机械运动部件上的模块撞击行程开关时,行程开关的触点动作,实现电路的切换。因此,行程开关是一种根据运动部件的行程位置而切换电路的电器,它的作用原理与按钮类似。机床中常用的行程开关有 LX19 和 JLXK1 等系列,其外形如图 5-3 所示。

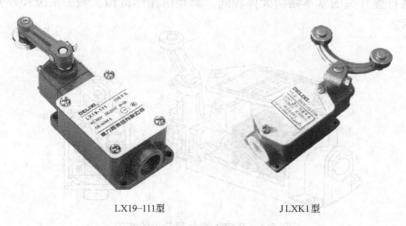

LX19-111型   JLXK1型

图 5-3　常见行程开关

LX19 系列和 JLXK1 系列行程开关的型号及含义如下:

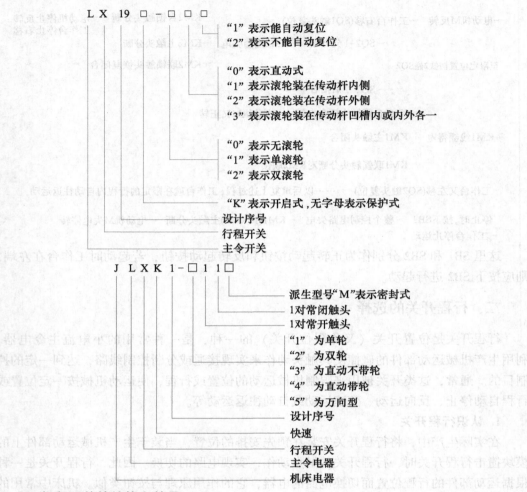

L X 19 □ — □ □ □

"1"表示能自动复位
"2"表示不能自动复位

"0"表示直动式
"1"表示滚轮装在传动杆内侧
"2"表示滚轮装在传动杆外侧
"3"表示滚轮装在传动杆凹槽内或内外各一

"0"表示无滚轮
"1"表示单滚轮
"2"表示双滚轮

"K"表示开启式,无字母表示保护式
设计序号
行程开关
主令开关

J L X K 1 — □ 1 1 □

派生型号"M"表示密封式
1对常闭触头
1对常开触头
"1"为单轮
"2"为双轮
"3"为直动不带轮
"4"为直动带轮
"5"为万向型
设计序号
快速
行程开关
主令电器
机床电器

2. 行程开关的结构和符号

各系列行程开关的基本结构大体相同,都是由操作机构、触头系统和外壳组成,如图 5-4 所示。

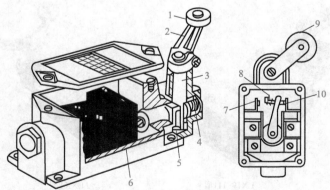

图 5-4　JLXK1 型行程开关的结构

1—滚轮　2—杠杆　3—轴　4—复位弹簧　5—撞块　6—微动开关

7,10—静触头　8—动触头　9—滚轮

当运动部件的挡铁压碰行程开关的
滚轮时，杠杆连同轴一起转动，使凸轮
推动撞块，当撞块被压到一定位置时，
推动微动开关（见图5-5）快速动作，
使其动断触头断开，动合触头闭合。

行程开关的触头动作方式可分为瞬
动式、蠕动式和交叉从动式三种，动作
后的复位方式有自动复位和非自动复位
两种。

行程开关在电路图中的电气符号如
图5-6所示。

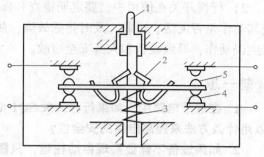

图 5-5　微动开关的结构
1—推杆　2—弹簧　3—压缩弹簧　4—动断触头
5—动合触头

图 5-6　行程开关的电气符号

3. 行程开关的选用

行程开关的主要参数是结构型式、工作行程、额定电压及触头的电流容量，在产品
说明书中都有详细说明。选用时主要根据动作要求、安装位置及触头数量进行选择。
LX19 和 JLXK1 系列行程开关的主要技术参数见表5-1。

表5-1　LX19 和 JLXK1 系列行程开关的主要技术参数

型号	额定电压额定电流	结 构 型 式	触头对数		工作行程	超行程
			动断	动合		
LX19		器件	1	1	3mm	1mm
LX19-001		无滚轮,仅用传动杆,能自复位	1	1	<4mm	>3mm
LX19-111		单滚轮,滚轮装在传动杆内侧,能自动复位	1	1	约30°	约20°
LX19-121	交流380V	单滚轮,滚轮装在传动杆外侧,能自动复位	1	1	约30°	约20°
LX19-131	直流220V	单滚轮,滚轮装在传动杆凹槽内	1	1	约30°	约20°
LX19-212	5A	双滚轮,滚轮装在U形传动杆内侧,不能自动复位	1	1	约30°	约15°
LX19-222		双滚轮,滚轮装在U形传动杆外侧,不能自动复位	1	1	约30°	约15°
LX19-232		双滚轮,滚轮装在U形传动杆内外侧各一,不能自动复位	1	1	约30°	约15°
JLXK1-111		单滚轮防护式	1	1	12°~15°	≤30°
JLXK1-211	交流500V	双滚轮防护式	1	1	约45°	≤40°
JLXK1-311		直动防护式	1	1	1~3mm	2~4mm
JLXK1-411		直动滚轮防护式	1	1	1~3mm	2~4mm

4. 行程开关的安装与使用

1）行程开关安装时，其位置要准确，安装牢固，滚轮的方向不能装反，挡铁与其
碰撞的位置应符合控制电路的要求，并确保可靠地与挡铁碰撞。

2）行程开关在使用中，要定期检查和保养，除去油污及粉尘，清理触头，经常检查其动作是否灵活、可靠，及时排除故障，防止因行程开关触头接触不良或接线松脱而产生误动作，导致设备和人身安全事故。

> **想一想**
>
> 　1. 在这个电路中，如果行程开关 **SQ1** 或 **SQ2** 出现损坏后，会出现什么情况？可以用什么方法来提高电路的安全性？
> 　2. 如果设备不需要实现自动往返，只需要到达运动部件在移动时不能超出某个范围，电路应该如何调整？

三、自动往返控制线路的安装

1. 准备工具、仪表及器材

1）工具：测电笔、旋具、尖嘴钳、斜口钳、电工刀等电工常用工具。

2）仪表与设备：MF47 型万用表、亚龙 YL-210-Ⅱ型电气装配实训台。

3）器材：在亚龙 YL-210-Ⅱ型电气装配实训台上选取表 5-2 所列的器材进行训练，所用导线采用铝芯线，规格是：BLV1 × 2.5mm²，导线数量由教师根据实际情况确定；紧固螺钉、螺母等也根据实际需要发给。

表 5-2　器材明细表

代号	名　　称	型号	规格	数量
M	三相笼型异步电动机	WDJ26		1 台
QF	低压断路器	DZ108-20		1 只
FU	熔断器	RL1-15	熔体 15A	5 只
FR	热继电器	JR36-20		1 只
SB	按钮	LA10-3H		1 只
KM	交流接触器	CJ20		1 只
SQ	行程开关	LK19-111		2 只
	铝芯线	BLV1	2.5mm²	20m
XT	端子板	JF-2.5/5		3 块

2. 固定安装电气元件

检查所给电气元件是否良好，如有问题及时跟老师提出。在老师指导下在亚龙 YL-210-Ⅱ型电气装配实训台上，根据布置图在网孔板上固定电气元件，如图 5-7 所示。

3. 连接线路

根据图 5-8 和图 5-9 所示的接线图和板前明线布线工艺要求，连接控制线路，完成连接的线路如图 5-10 所示。

图 5-7 自动往返控制线路元件布置图

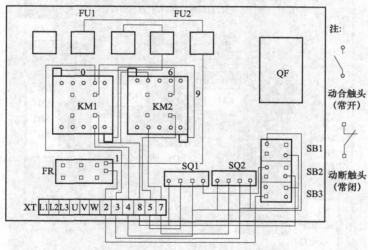

图 5-8 自动往返控制线路接线图

4. 线路检查

1）按照线路图或接线图，从电源端开始逐段核对接线是否正确，有无漏接、错接之处；检查导线接点是否符合要求，压接是否牢固；检查触头接触是否良好，以避免带负载运转时产生闪弧现象。检查编号管的编号与接线图是否一致。

2）用万用表检查线路的通断情况。检查时，一般应选用 R×1 或 R×10 倍率挡，并进行调零，以防发生短路故障。检查电路时，可将表笔分别搭在电路的任意两条相线上，即测三次，读数应为电动机绕组的电阻，若三次测定结果不为零且阻值大小基本相同，电路连接正确。

3）用兆欧表检查线路的绝缘电阻值，应不小于 $2M\Omega$。

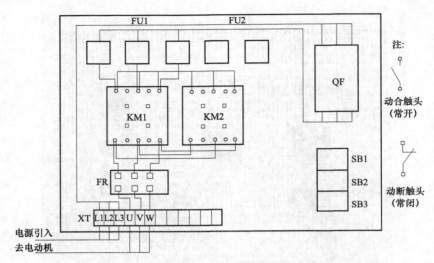

图 5-9　自动往返主电路接线图

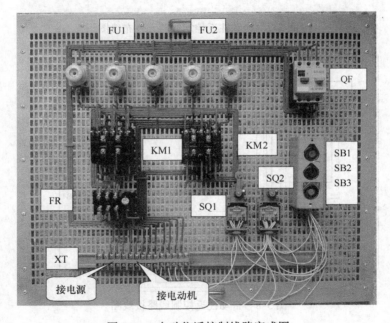

图 5-10　自动往返控制线路完成图

5. 通电试车

特别提示

　　在实际安装时，通电前必须先用手扳动行程开关，试验其动作是否可靠。

　　通电前，应检查与通电试车有关的电气设备是否有不安全的因素存在，若查出应立即整改，然后方能试车。

　　通电时，必须有教师在现场监护，合闸送电后，先用测电笔检查电源开关出线端是否有电,然后按照工作原理操作电路。观察接触器情况是否正常,电路是否符合功能要求,元器件的动作是否灵活,有无卡阻及噪声过大等现象,电动机运行情况是否正常等。但不得对电路接线是否正确进行通电检查。观察过程中,若发现有异常现象,应立即停车。

出现故障后,要停电进行检修。检修完毕后,如需再次试车,要请老师在现场监护。

当电动机运转平稳后,用钳形电流表测量三相电路是否平衡。

通电试车结束后,应等电动机停转后,再切断电源开关 QF。拆线时,先拆三相电源线,再拆电动机线,最后拆板上导线和电气元件。

最后按照实训室管理规定,整理好实训台和实训室,经教师同意方可离开实训室。

想一想

1. 通电试车时,在电动机正转(工作台向左运动)时,扳动行程开关,电动机不反转,且继续正转,是什么原因造成的?应当如何处理?

2. 通电试车时,在电动机反转(工作台向右运动)时,扳动行程开关,电动机停止,是什么原因造成的?应当如何处理?

考核评价

考 核 内 容	配分	评 分 细 则	得分
行程开关的选择	20	行程开关的类型(4分)	
		行程开关的型号(4分)	
		行程开关的额定电流(4分)	
		行程开关的检测(8分)	
元器件安装	10	按照布置图及其尺寸安装(7分,尺寸不对每处扣1分)	
		安装牢固、整齐(3分,不符合要求每处扣1分)	
布线	20	按照接线图接线并实现功能(10分)	
		布线符合工艺要求(10分,不符合要求每处扣1分)	
通电试车	30	安全措施(10分)	
		试车操作(10分)	
		故障排除(10分)	
安全、文明生产	10	遵守安全操作规程(3分,违反一次扣10分)	
		材料摆放规范、整齐(3分)	
		完成任务,清理场地(4分)	
考核时间	10	定额时间90min,最大延时30min,每超过15min(不足15min以15min计)扣5分	

（续）

考核内容	配分	评分细则	得分
完成本次工作任务的评价			
小组同学对你完成本次工作任务的评价			
教师对你完成本次工作任务的评价			
备注		各项目的最高扣分不应超过配分分数,总分60分以下不合格	成绩

知识链接

常用接近开关简介

行程开关属于有触点开关,在操作频繁时,容易产生故障,工作可靠性比较差。目前,在许多现代化生产设备中大量使用接近开关替代行程开关。图 5-11 所示就是一些常见的接近开关。

图 5-11　常用各类接近开关

接近开关又称无触点行程开关,它除可以完成行程控制和限位保护外,还是一种非接触型的检测装置,用作检测零件尺寸和测速等,也可用于变频计数器、变频脉冲发生器、液面控制和加工程序的自动衔接等。特点有工作可靠、寿命长、功耗低、复定位精度高、操作频率高以及适应恶劣的工作环境等。

因为接近开关可以根据不同的原理和不同的方法做成,而不同的接近开关对物体的

"感知"方法也不同，所以常见的接近开关有以下几种：

1. 无源接近开关

这种开关不需要电源，通过磁力感应控制开关的闭合状态。当磁质或者铁质材料靠近开关磁场时，和开关内部磁场相互作用使触点闭合。特点：不需要电源，非接触式，免维护，环保。

2. 涡流式接近开关

这种开关有时也叫电感式接近开关。它利用了导电物体在接近这个能产生电磁场的接近开关时，其内部可以产生涡流的原理。这个涡流反作用到接近开关，使开关内部电路参数发生变化，由此识别出有无导电物体移近，进而控制开关的通或断。这种接近开关所能检测的物体必须是导电体。

3. 电容式接近开关

这种接近开关通常是构成电容器的一个极板，而另一个极板是接近开关的外壳。这个外壳在测量过程中通常是接地或与设备的机壳相连接。当有物体移向接近开关时，不论它是否为导体，由于它的接近，总要使电容的介电常数发生变化，从而使电容量发生变化，使得和测量头相连的电路状态也随之发生变化，由此便可控制开关的接通或断开。这种接近开关检测的对象，不限于导体，也可以是绝缘的液体或粉状物等。

4. 霍尔接近开关

霍尔元件是一种磁敏元件。利用霍尔元件做成的接近开关，叫做霍尔接近开关，简称霍尔开关。当磁性物件移近霍尔开关时，开关检测面上的霍尔元件因产生霍尔效应而使开关内部电路状态发生变化，由此识别附近有磁性物体存在，进而控制开关的通或断。这种接近开关的检测对象必须是磁性物体。

5. 光电式接近开关

利用光电效应做成的接近开关叫做光电式接近开关。这种接近开关将发光器件与光电器件按一定方向装在同一个检测头内。当有反光面（被检测物体）接近时，光电器件接收到反射光后就会有信号输出，由此便可"感知"有物体接近。

6. 热释电式接近开关

用能感知温度变化的元器件做成的接近开关叫做热释电式接近开关。这种开关将热释电器件安装在开关的检测面上，当有与环境温度不同的物体接近时，热释电器件的输出便会发生变化，由此便可检测出有物体接近。

项目六
顺序控制线路的安装

工业生产中往往会遇到对两台或多台电动机进行控制的实际问题，因各台电动机实现的功能不同，控制要求也不尽相同，有时需要按一定顺序起动或停止，才能确保工作过程的安全和合理。如图 6-1 所示的磁选设备的各台电动机就是需要按照先后顺序进行起动的。

顺序控制线路是在一种设备起动之后另一个设备才能起动的一种控制方法，工业中生产输送线常常采用顺序控制线路。通过完成这个项目，可以掌握时间继电器的结构和使用方法，学会安装顺序控制线路。

图 6-1　磁选设备

工作任务

两条输送带 A、B 组成送料系统，如图 6-2 所示，为了防止物料堆积在输送带 A 上，在起动电动机时要求先起动 A 输送带，延时一段时间后再起动 B 输送带，停止时要求 B 输送带先停止，延时

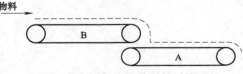

图 6-2　两条输送带送料系统

一段时间后，A输送带再停止。这种控制方式需要电动机按一定要求顺序起动，逆序停止。

边做边学

一、认识两条输送带顺序控制线路

两条输送带的顺序控制线路电路原理图如图6-3所示。电动机A起动时将使得输送带A运行传送物料，KM1控制电动机A的起动或停止。电动机B起动时将使得输送带B运行传送物料，KM2控制输送带B的起动或停止。调节KT1可以改变输送带B的起动延时时间长短，调节KT2可以改变输送带A的停止延时时间长短。使用中间继电器KA可以在停止开关SB2按下时断开输送带B的工作电源。SB3为急停按钮，当紧急情况发生时，需要同时停止输送带A、B。

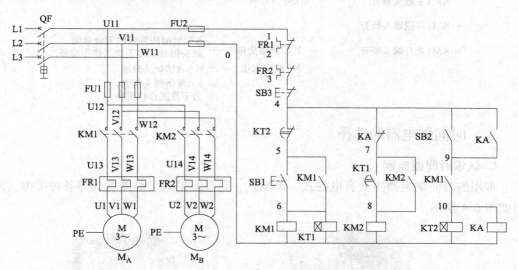

图6-3 两条输送带的顺序控制线路电路原理图

工作原理如下，起动时先合上电源开关QF。

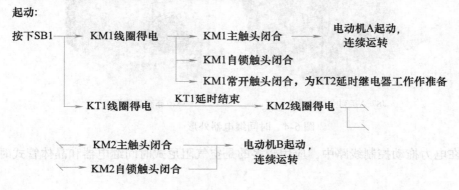

停止:

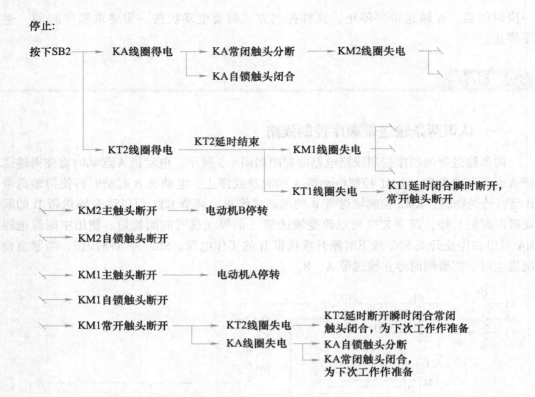

二、时间继电器的选择

1. 认识时间继电器

常用的时间继电器主要有电磁式、电动式、空气阻尼式、晶体管式等各种类型，外形如图 6-4 所示。

JS7–A系列空气阻尼式　　　　　　JS20 系列晶体管式

图 6-4　时间继电器外形

目前在电力拖动控制线路中，应用较多的是空气阻尼式时间继电器和晶体管式时间继电器。

2. JS7-A系列空气阻尼式时间继电器

(1) 结构和原理

空气阻尼式时间继电器又称为气囊式时间继电器，它是根据空气压缩产生的阻力来进行延时的，其结构简单、价格便宜、延时范围大，但延时精度较低，可分为通电延时动作型和断电延时复位型两种。JS7-A系列时间继电器的外形和结构如图6-5所示，主要由电磁系统、延时机构和触头系统三部分组成。电磁系统由直动式双E形电磁铁构成。延时机构采用气囊式阻尼器。触头系统由微动开关组成，含有两对瞬时触头（一对常开、一对常闭）和两对延时触头（一对常开、一对常闭）。

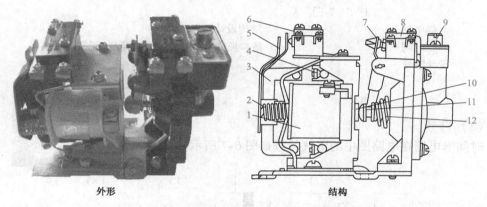

外形　　　　　　　　　　　　　　结构

图6-5　JS7-A系列空气阻尼式时间继电器的外形和结构

1—线圈　2—反力弹簧　3—衔铁　4—铁心　5—弹簧片　6—瞬时触头　7—杠杆
8—延时触头　9—调节螺钉　10—推杆　11—活塞杆　12—宝塔形弹簧

空气阻尼式时间继电器是利用气囊中的空气通过小孔节流的原理来获得延时动作，JS7-A型时间继电器的结构如图6-6所示。

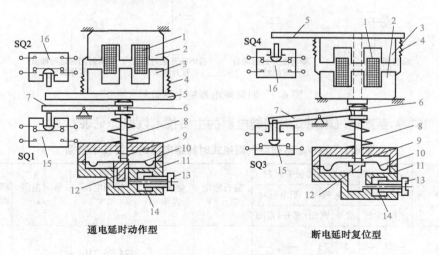

通电延时动作型　　　　　　　　　　断电延时复位型

图6-6　JS7-A型时间继电器的结构

1—线圈　2—铁心　3—衔铁　4—反力弹簧　5—推板　6—活塞杆　7—杠杆　8—塔形弹簧　9—弱弹簧
10—橡皮膜　11—空气室　12—活塞　13—调节螺钉　14—进气孔　15、16—微动开关

1）通电延时动作型时间继电器工作原理。当电磁系统的线圈通电时，衔铁 3 吸合，带动推板 5 动作，压合微动开关 SQ2，其触头瞬时动作。微动开关 SQ1 在气囊的作用下延时动作，时间长短由调节螺钉 13 控制。JS7-A 系列时间继电器延时范围有 0.4 ~ 60s 和 0.4 ~ 180s 两种。当线圈断电时，微动开关 SQ1、SQ2 的触头均立即复位。

2）断电延时型时间继电器与通电延时型时间继电器的组成元件是通用的。将通电延时型时间继电器的电磁机构翻转 180° 安装即成为断电延时型时间继电器，其工作原理读者可自行分析。

（2）型号含义

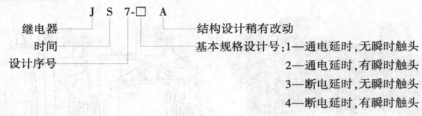

（3）符号

时间继电器在电路图中的电气符号如图 6-7 所示。

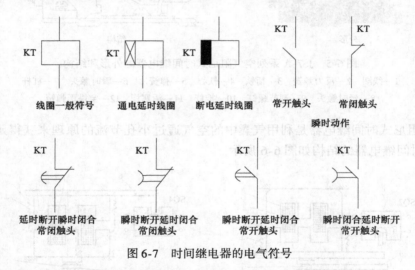

图 6-7　时间继电器的电气符号

（4）JS7-A 系列空气阻尼式时间继电器的主要技术数据（见表 6-1）

表 6-1　JS7-A 系列空气阻尼式时间继电器的主要技术数据

型　号	瞬时动作触头对数		有延时的触头对数				触头额定电压/V	触头额定电流/A	线圈电压/V	延时范围/s	额定操作频率/(次/h)
			通电延时		断电延时						
	常开	常闭	常开	常闭	常开	常闭					
JS7-1A	—	—	1	1			380	5	24、36、110、127、220、380、420	0.4 ~ 60、0.4 ~ 180	600
JS7-2A	1	1	1	1							
JS7-3A	—	—			1	1					
JS7-4A	1	1			1	1					

3. JS20 系列晶体管时间继电器

晶体管时间继电器也称为半导体时间继电器或电子式时间继电器，具有机械结构简单、延时范围广、精度高、消耗功率小、调整方便及使用寿命长等优点，所以发展迅速，应用越来越广泛。晶体管时间继电器按结构分为阻容式和数字式两类；按延时方式分为通电延时型、断电延时型以及带瞬动触点的通电延时型三类。

JS20 系列晶体管时间继电器是全国推广的统一设计产品，适用于交流 50Hz、电压 380V 及以下或直流 220V 及以下的控制线路，按预定的时间延时来接通或分断电路。

（1）结构与工作原理

1）结构。外形如图 6-4 所示，具有保护外壳，其内部结构采用印制电路组件。安装和接线采用专用的接插头，并配有带插脚标记的下标牌作接线指示，上标盘上还带有发光二极管作为动作指示。结构形式有外接式、装置式和面板式三种：外接式的整定电位器可通过插座用导线接到所需的控制板上；装置式具有带接线端子的胶木底座；面板式采用通用八大脚插座，可直接安装在控制台的面板上，另外还带有延时刻度和延时旋钮供整定延时时间用，其接线示意图如图 6-8 所示。

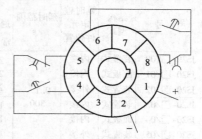

图 6-8　接线示意图

2）工作原理。JS20 系列通电延时型时间继电器的电路如图 6-9 所示。它由电源、电容充放电电路、电压鉴别电路、输出和指示电路五部分组成。电源接通后，经整流滤波和稳压后的直流电，经过 RP1 和 R2 向电容 C2 充电。当场效应晶体管 V6 的栅源电压 U_{gs} 低于夹断电压 U_p 时，V6 截止，因而 V7、V8 也处于截止状态。随着充电的不断进行，电容 C2 的电位按指数规律上升，当达到 U_{gs} 高于 U_p 时，V6 导通，V7、V8 也导通，继电器 KA 吸合，输出延时信号。同时电容 C2 通过 R8 和 KA 的常开触头放电，为下次动作做好准备。切断电源时，继电器 KA 释放，电路恢复原始状态，等待下次动作。调节 RP1 和 RP2 即可调整延时时间。

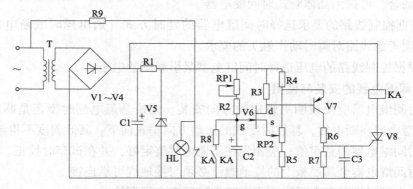

图 6-9　JS20 系列通电延时型时间继电器的电路

（2）型号含义及技术数据

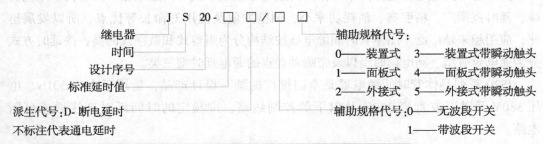

继电器 JS20-□□/□□
时间
设计序号
标准延时值
辅助规格代号：
0——装置式　　3——装置式带瞬动触头
1——面板式　　4——面板式带瞬动触头
2——外接式　　5——外接式带瞬动触头

派生代号：D-断电延时
不标注代表通电延时

辅助规格代号：0——无波段开关
1——带波段开关

（3）JS20 系列晶体管时间继电器的主要技术数据（见表 6-2）

表 6-2　JS20 系列晶体管时间继电器的主要技术数据

型　号	结构型式	延时整定元件位置	延时范围/s	延时触头对数				不延时触头对数		误差（%）		环境温度/℃	工作电压/V		功率消耗/W	机械寿命/万次
				通电延时		断电延时				重复	综合		交流	直流		
				常开	常闭	常开	常闭	常开	常闭							
JS20-□/00	装置式	内接		2	2											
JS20-□/01	面板式	内接		2	2	—	—	—	—							
JS20-□/02	装置式	外接	0.1～300	2	2											
JS20-□/03	装置式	内接		1	1			1	1							
JS20-□/04	面板式	内接		1	1			1	1							
JS20-□/05	装置式	外接		1	1			1	1							
JS20-□/10	装置式	内接		2	2					±3	±10	-10～40	36、110、127、220、380	24、48、110	≤5	1000
JS20-□/11	面板式	内接		2	2											
JS20-□/12	装置式	外接	0.1～3600	2	2											
JS20-□/13	装置式	内接		1	1			1	1							
JS20-□/14	面板式	内接		1	1			1	1							
JS20-□/15	装置式	外接		1	1			1	1							
JS20-□D/00	装置式	内接				2	2									
JS20-□D/01	面板式	内接	0.1～180	—	—	2	2	—	—							
JS20-□D/02	装置式	外接				2	2									

4. 时间继电器的选用

1）根据系统的延时范围和精度选择时间继电器的类型和系列。在延时精度要求不高的场合，一般可选用价格较低的 JS7-A 系列空气阻尼式时间继电器，反之，对精度要求较高的场合，可选用晶体管式时间继电器。

2）根据控制线路的要求选择时间继电器的延时方式（通电延时或断电延时）。同时，还必须考虑线路对瞬时动作触头的要求。

3）根据控制线路的电压选择时间继电器吸引线圈的电压。

5. 时间继电器的安装与使用

1）时间继电器应按说明书规定的方向安装。无论是通电延时型还是断电延时型，都必须使继电器在断电后，释放时衔铁的运动方向垂直向下，其倾斜度不得超过 5°。

2）时间继电器的整定值，应预先在不通电时整定好，并在试车时校正。

3）时间继电器金属底板上的接地螺钉必须与接地线可靠连接。

4）通电延时型和断电延时型可在整定时间内自行调换。

5）使用时，应经常清除灰尘及油污，否则延时误差将增大。

6. 时间继电器的常见故障及处理方法

JS7-A 时间继电器在使用过程中出现故障时，可参照表 6-3 给出的常见故障及处理方法解决。

表 6-3　JS7-A 系列时间继电器常见故障及处理方法

故 障 现 象	可能的原因	处 理 方 法
延时触头不动作	1）电磁线圈短线 2）电源电压过低 3）传动机构卡住或损坏	1）更换线圈 2）调高电源电压 3）排除卡住故障或更换部件
延时时间缩短	1）气室装配不严，漏气 2）橡皮膜损坏	1）维修或更换气室 2）更换橡皮膜
延时时间变长	气室内有灰尘，使气道阻塞	清除气室内灰尘，使气道畅通

> **想一想**
>
> **1.** 空气阻尼式时间继电器有何优缺点？
>
> **2.** 晶体管时间继电器适用于什么场合？
>
> **3.** 如果 JS7-A 系列时间继电器的延时时间变短，可能的原因有哪些？如何处理？

三、中间继电器的选用

中间继电器是用来增加控制电路中的信号数量或将信号放大的继电器，其输入信号是线圈的通电和断电，输出信号是触头的动作，由于触头数量较多，所以可以用来控制多个元器件或回路。

1. 认识中间继电器

中间继电器的结构及工作原理与接触器基本相同，与接触器的主要区别在于：接触器的主触头可以通过大电流，而中间继电器的触头只能通过小电流。所以，它只能用于控制电路中。它一般是没有主触头的，因过载能力比较小，触头全部都是辅助触头，且数量比较多，各触头允许通过的电流大小相同，多数为 5A。

常用的中间继电器有 JZ7、JZ14 等系列，其中 JZ7系列为交流中间继电器，外形如图 6-10 所示。

中间继电器的型号及其含义：

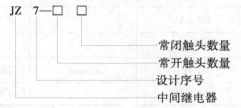

图 6-10　JZ7 系列中间继电器

2. 中间继电器的结构与符号

JZ7 系列中间继电器采用立体布局，由铁心、衔铁、线圈、触头系统、反作用弹簧和缓冲弹簧等组成。触头采用双断点桥式结构，上下两层各有四对触头，下层触头只能是常闭触头，所以触头系统可按 8 常开、6 常开和 2 常闭及 4 常闭和 4 常开进行组合。其吸引线圈的额定电压有 12V、36V、110V、220V、380V 等。

中间继电器在电路中的电气符号如图 6-11 所示。

3. 中间继电器的选用

中间继电器主要依据被控制电路的电压等级、所需触头的数量、种类、容量的要求来选择。

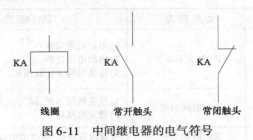

图 6-11　中间继电器的电气符号

四、两条输送带顺序控制线路安装

1. 准备工具、仪表及器材

（1）工具

测电笔、旋具、尖嘴钳、斜口钳、电工刀等电工常用工具。

（2）仪表与设备

ZC25-3 型兆欧表（500V、1～500MΩ）、MG3-1 型钳形电流表、MF47 型万用表、亚龙 YL-210-Ⅱ型电气装配实训台。

（3）电气元件及材料

在亚龙 YL-210-Ⅱ型电气装配实训台上选取表 6-4 所列器材进行训练，所用导线采用铝芯线，规格是 BLV1 × 2.5mm²，导线数量由教师根据实际情况确定；紧固螺钉、螺母等也根据实际需要发给。

表 6-4　电气元件明细表

代　号	名　　称	型　号	规　格	数量
M	三相笼型异步电动机	WDJ26		1 台
QF	低压断路器	DZ108-20		1 只
FU	螺旋式熔断器	RL1-15	熔体 15A	5 只
KM	交流接触器	CJ20		2 只
SB	按钮	LA10-3H		3 个
FR	热继电器	JR36-20		2 个
KT	时间继电器	JS7-2A		2 个
KA	中间继电器	JZ7-44		1 个
	铝芯线	BLV1	2.5mm²	20m
XT	端子板	JF-2.5/5		3 块

2. 固定安装电气元件

检查所给电气元件是否良好，如有问题及时跟指导教师提出。在教师指导下，在亚龙 YL-210-Ⅱ型电气装配实训台上根据布置图在网孔板上固定电气元件，如图 6-12 所示。

图 6-12　顺序控制线路元件布置图

3. 连接线路

根据图 6-13 和图 6-14 所示的接线图和板前明线布线工艺要求，连接控制线路，完成连接的线路如图 6-15 所示。

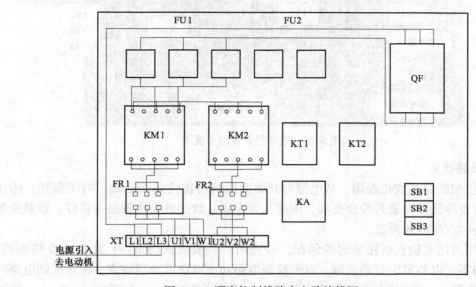

图 6-13　顺序控制线路主电路接线图

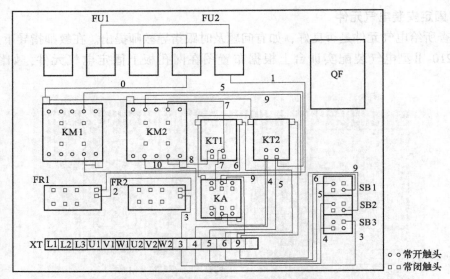

图 6-14　顺序控制线路控制电路接线图

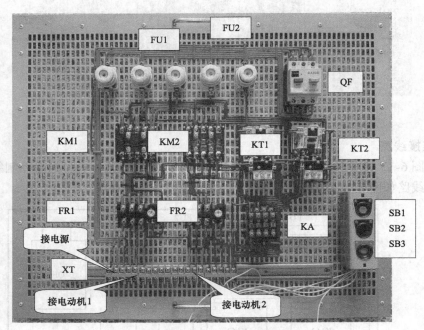

图 6-15　顺序控制线路完成图

4. 线路检查

1）按照线路图或接线图，从电源端开始逐段核对接线是否正确，有无漏接、错接之处；检查导线接点是否符合要求，压接是否牢固；检查触头接触是否良好，以避免带负载运转时产生闪弧现象。

2）用万用表检查线路的通断情况。检查时，一般应选用 R×1 或 R×10 倍率挡，并进行调零，以防发生短路故障。对于控制电路和主电路可分别检查，检查控制电路时（断开主电路），可将表笔分别搭在连接控制电路的两条相线上，读数应为"∞"，按下按钮 SB 后,读数应为接触器线圈的直流电阻值。然后断开控制电路,再检查主电路各相有无开路或短路现象,此时,可用手动来代替接触器通电进行检查。

3)用兆欧表检查线路的绝缘电阻值,应不小于 $1M\Omega$。

5. 通电试车

> **特别提示**
>
> 通电试车前要检查安全措施,试车时要遵守安全操作规程,出现故障时要停电检查。

通电前,应检查与通电试车有关的电气设备是否有不安全的因素存在,若查出应立即整改,然后才能试车。

通电时,必须有教师在现场监护,合闸送电后,先用测电笔检查电源开关出线端是否有电,然后按照工作原理操作电路。观察接触器情况是否正常,电路是否符合功能要求,元器件的动作是否灵活,有无卡阻及噪声过大等现象,电动机运行情况是否正常等。但不得对电路接线是否正确进行通电检查。观察过程中,若发现有异常现象,应立即停车。当电动机运转平稳后,用钳形电流表测量三相电路是否平衡。

出现故障后,要停电进行检修。检修完毕后,如需再次试车,教师应在现场监护。检修完毕后,如需再次试车,教师也应该在现场监护。试车的成功率以通电后第一次按下按钮时计算。

通电试车结束后,应等电动机停转后,再切断电源开关 QF。拆线时,先拆三相电源线,再拆电动机线,最后拆板上导线和电气元件。

最后按照实训室管理规定,整理好实训台和实训室,经教师同意方可离开实训室。

> **想一想**
>
> 1. 图 6-2 所示是两条输送带送料系统的示意图,按下列要求 (1) A 起动后,B 才能起动;(2) A 必须在 B 停止后才能停止;(3) 请设计两条输送带运输机的控制电路图。
>
> 2. 图 6-3 所示控制线路可以实现以下控制要求:(1) M_A、M_B 可以分别起动和停止;(2) M_A、M_B 可以同时起动、同时停止;(3) 当一台电动机发生过载时,两台电动机能同时停止;(4) 具有短路、过载、欠电压及失电压保护。请设计电路,画出电路图。

考核评价

考核内容	配分	评分细则	得分
时间继电器的选择	10	时间继电器类型(2分)	
		时间继电器型号(2分)	
		时间继电器额定电流(2分)	
		时间继电器检测(4分)	

（续）

考核内容	配分	评分细则	得分
中间继电器的选择	10	中间继电器类型(2分)	
		中间继电器型号(2分)	
		中间继电器规格(3分)	
		中间继电器额定电流(3分)	
元器件安装	10	按照布置图及其尺寸安装(7分,尺寸不对每处扣1分)	
		安装牢固、整齐(3分,不符合要求每处扣1分)	
布线	20	按照接线图接线并实现功能(10分)	
		布线符合工艺要求(10分,不符合要求每处扣1分)	
通电试车	30	安全措施(10分)	
		试车操作(10分)	
		故障排除(10分)	
安全、文明生产	10	遵守安全操作规程(3分,违反一次扣10分)	
		材料摆放规范、整齐(3分)	
		完成任务,清理场地(4分)	
考核时间	10	定额时间90min,最大延时30min,每超过15min(不足15min以15min计)扣5分	
完成本次工作任务的评价			
小组同学对你完成本次工作任务的评价			
教师对你完成本次工作任务的评价			
备注		各项目的最高扣分不应超过配分分数,60分以下不合格	成绩

项目七
减压起动控制线路的安装

　　前面介绍的各种控制线路起动时，加在电动机定子绕组上的电压为电动机的额定电压，是全压起动，又称直接起动。优点是电气设备少、电路简单、维修量小。但是异步电动机直接起动时，起动电流一般为额定电流的 4～7 倍，在电源变压器容量不够、电动机功率较大的情况下会使变压器输出电压下降，影响本身的起动转矩，也会影响同一供电线路中其他电气设备的正常工作。因此实际生产当中较大容量的电动机（如图 7-1 所示的大功率水泵）需要减压起动。电路中电动机由星形接法起动，采用时间继电器延迟一定时间后，自动转换为三角形接法运行，以达到自动减压起动的目的。笼型异步电动机采用星-三角（丫—△）减压起动，由于其起动可靠、操作简单、安装方便、成本低，并且对电网影响较小，因此在工农业生产实践中得到了广泛的应用。本项目主要介绍丫—△减压起动控制电路的工作原理，通过完成这个项目，可以了解星-三角起动器的结构参数、动作原理和选择，知道丫—△减压控制线路的特点。

图 7-1　大功率水泵

工作任务

　　丫—△减压起动控制线路可由手动控制丫—△的切换时间（见图 7-2）和由时间继电器自动控制丫—△的切换时间（见图 7-4），手动控制的丫—△减压起动过程需要进行两次操作，并且由丫接法向△接法的切换需人工完成，切换时间不易准确掌握。现要求完成由时间继电器自动控制丫—△减压起动电路的安装，请根据需要选择相应的电气器件后，在指定的线路板上安装电源开关、熔断器、按钮和交流接触器等器件，连接时间继电器自动控制丫—△减压起动控制线路，最后在教师的监护下，完成线路的检查和通电运行。

边做边学

一、认识电路的工作原理

1. 手动控制丫—△减压起动控制线路

图 7-2 所示是双投开启式负荷开关手动控制丫—△减压起动控制线路电路原理图，其工作原理如下：起动时，先合上电源开关 S1，然后把开启式负荷开关 S2 扳到"起动"位置，电动机定子绕组便接成丫减压起动；当电动机转速上升并接近额定值时，再将 S2 扳到"运行"位置，电动机定子绕组改接成△全压正常运行。

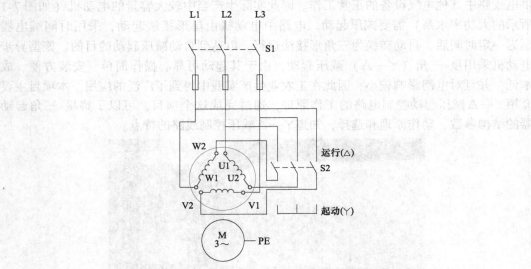

图 7-2　手动丫—△减压起动控制线路电路原理图

想一想

电动机起动时定子绕组接成丫，加在每相定子绕组上的起动电压、起动电流和起动转矩分别是△接法时的多少倍？

星-三角起动器是一种用于辅助电动机减压起动的设备，星-三角起动器工作时通过改变电动机绕组的接线方式而改变起动电压，从而降低起动电流。常见的手动星-三角起动器有 QX1 和 QX2 系列。

QX1 型手动星-三角起动器的外形、接线图如图 7-3 所示，触头分合表见表 7-1。起动器有起动（丫）、停止（0）和运行（△）三个位置，当手柄扳到"0"位置时，8

对触头都分断，电动机脱离电源停转；当手柄扳到"丫"位置时，1、2、5、6、8触头闭合接通，3、4，7触头分断，定子绕组的末端W2、U2、V2通过触头5和6接成丫，始端U1、V1、W1则分别通过触头1、8、2接入三相电源L1、L2、L3，电动机进行丫减压起动；当电动机转速上升并接近额定转速时，将手柄扳到"△"位置，这时1、2、3、4、7、8触头闭合，5、6触头分断，定子绕组按U1→触头1→触头3→W2、V1→触头8→触头7→U2、W1→触头2→触头4→V2接成△全压正常运转。

表7-1　QX1触头分配表

触头	手柄位置		
	起动丫	停止0	运行△
1	×		×
2	×		×
3			×
4			×
5	×		
6	×		
7			×
8	×		×

a) 外形

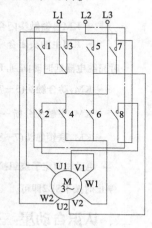

b) 接线图

图7-3　QX1型手动星-三角起动器

2. 时间继电器自动控制丫—△减压起动控制线路

时间继电器自动控制的丫—△减压起动控制线路如图7-4所示。

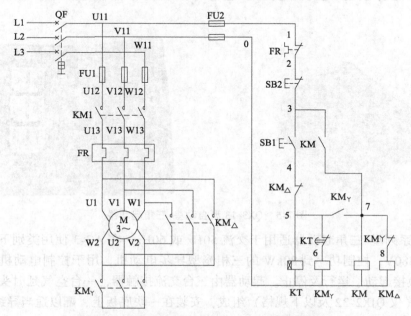

图7-4　时间继电器自动控制丫—△减压起动线路

工作原理如下：

先合上电源开关QF；

按下SB1
├─ KT线圈通电 ──→ KT触头延时动作让电动机先减压起动
│
├─ KM_Y线圈通电 ──┬─ KM_Y动合触头(5—7)闭合 ──→ KM线圈通电 ──→ (1)
│   ├─ KM_Y主触头闭合 ──→ 电动机M定子绕组接成丫
│   └─ KM_Y联锁触头(7—8)分断，对KM_△形成联锁

(1)
├─ KM自锁触头闭合自锁
└─ KM主触头闭合 ──→ 电动机M接通电源减压起动

时间继电器延时时间到，KT动断触头断开 ──→ KM_Y线圈断电，完成减压起动 ──→
├─ KM_Y动合触头(5—7)断开 ──→ KT、KM_Y线圈断电
├─ KM_Y主触头分断 ──→ 电动机M解除丫连接
├─ KM_Y联锁触头(7—8)恢复闭合 ──→ KM_△线圈通电 ──┬─ KM_△联锁触头(4—5)分断对KM_Y联锁
│   └─ KM_△主触头闭合
└─ 电动机M定子绕组接成△全压运行

停止时按下SB2即可。

二、认识自动星-三角起动器

时间继电器自动控制的丫—△减压起动线路的定型产品有 QX3、QX4 和 QJX2 系列等。

QX3 系列自动星-三角起动器适用于交流 50Hz、电压 380V 及以下、容量 125kW 及以下的三相笼型异步电动机，作丫—△换接起动和停止之用。起动器在起动过程中，通过时间继电器能自动将电动机定子绕组由起动时的星形接线转换为正常运转的三角形接线，以减少起动电流及电动机起动时对输电网络的影响。这种起动器的外形、结构如图 7-5 所示。

图 7-5　QX3-13 型自动星-三角起动器

QJX2 系列星-三角起动器适用于交流 50Hz 或 60Hz，在 AC-3 使用类别下，额定工作电压为 380V、控制功率到 80kW 的三相笼型异步电动机，用于控制电动机定子绕组由丫—△换接起动、运行及停止。起动器由三台交流接触器，一台空气延时头，一只辅助触头组（仅 QJX2-32 及以下规格）组成，安装在一块底板上，配以适当导线。丫—△起动实为减压起动，起动电流为全压起动电流的 1/3，以便缓和对电源及负载的冲击。

星形接法运行时间为 12～16s，加速后切换成三角形接法，在额定电压下运行。QJX2 星-三角起动器的主控电路接线图如图 7-6 所示。

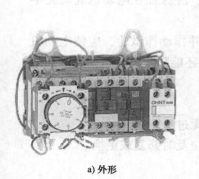

a) 外形

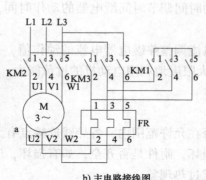

b) 主电路接线图

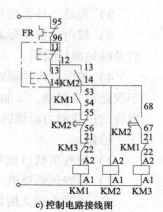

c) 控制电路接线图

图 7-6 QJX2 系列星-三角起动器

(1) 星-三角起动器的选用

三相异步电动机的起动问题是运行中的一个特殊问题。如起动方式选择不当，会直接影响被控制电动机负载的正常运行，同时会给电网带来不利的冲击。当电动机的起动转矩小于负载阻力矩时，会使电动机无法起动，甚至会由于堵转而烧毁；若轻负载采用直接起动时，会因起动转矩过大而发生机械冲撞，造成设备事故。在大容量电动机起动或多台电动机同时起动时，如电网容量较小，而起动电流将会给电网带来冲击，使线路压降增大，造成其他电气设备无法正常运行。因此，正确地选用电动机起动方式十分重要。

1) 根据使用环境选择起动器的类型，是开启式还是保护式。

2) 根据线路要求选择起动方式，是可逆式还是不可逆式，且注意有无热保护。

3) 根据控制电动机的容量，选用哪一型号的星-三角起动器。

4) 起动器在长期工作制、间断工作制、反复短时工作制使用时，其操作频率会受到不同限制。带热继电器的起动器的操作频率不应超过 60 次/h；不带热继电器的起动器，当通电持续率小于 40% 时，在额定负载下操作频率可超过 600 次/h，如减压使用，可增加到 1200 次/h。

5) 起动器有无断相保护作用，取决于所配用的热继电器是否具有断相保护功能。

(2) 星-三角起动器的安装与使用

安装前的检查：

1) 对起动器内各元件进行全面检查和调整，保证各参数符合要求。

2) 清理元器件上的灰尘及油污，并在可转动部分加上适量的润滑油，使各部分动作灵活，无卡住和损坏现象。

3) 如果自装起动设备，要求各元器件的布局合理，如热继电器宜放在其他元器件下方，以免受其他元器件发热的影响。

4) 必须按规定的导线截面积进行连接。

安装与调试：

　　1）按规定的安装方式进行安装，必须紧固所有的安装与接线螺钉，防止零件脱落，导致短路或机械卡住事故。

　　2）起动器外壳应可靠接地，以免发生触电事故。

　　3）按电动机实际起动时间调节时间继电器的动作时间，应保证在电动机起动完毕后及时地换接线路。

　　4）按电动机的额定电流调整热继电器电流的动作值，并作动作试验，应使电动机不仅能正常起动，又能最大限度地利用电动机的过载能力，还能防止电动机因超过极限容许的过载能力而烧毁。

检修：

　　1）检查负荷电流是否在允许范围内，各导线连接点有无过热现象。

　　2）检查灭弧罩有无损坏，附件是否齐全，如有损坏，应及时修复或更换。

　　3）主触头有无熔焊或过热现象。

　　4）检查主触头的接触压力及三相触头接触是否同步。

　　5）触头压力弹簧长度是否一样，有无过热失效和氧化锈蚀等现象。

　　6）检查并调整触头断开后的距离，不得超过（10±2）mm。

　　7）触头表面应光洁、平整、接触良好。

　　8）辅助触头应无氧化、熔焊等现象。

　　9）检查磁铁有无过大噪声，铁心和线圈有无过热，短路环有无损坏。

　　10）磁铁接触面有无错位，固定螺钉是否有松动、移位等现象。

　　11）保护元件有无损伤、失灵现象。

　　12）检修时应用兆欧表测量电磁线圈的绝缘电阻，该绝缘电阻不得低于 1kΩ/V。

三、时间继电器自动控制丫—△减压起动控制线路安装

1. 准备工具、仪表及器材

　　1）工具：测电笔、旋具、尖嘴钳、斜口钳、电工刀等电工常用工具。

　　2）仪表与设备：MF47 型万用表、亚龙 YL-210-Ⅱ型电气装配实训台。

　　3）器材：在亚龙 YL-210-Ⅱ型电气装配实训台上选取表 7-2 所列器材进行训练，所用导线采用铝芯线，规格是 BLV1×2.5mm²，导线数量由教师根据实际情况确定；紧固螺钉、螺母等也根据实际需要发给。

表 7-2　器材明细表

代号	名　　称	型号	规格	数量
M	三相笼型异步电动机	WDJ26		1 台
QF	低压断路器	DZ108-20		1 只
FU	熔断器	RL1-15	熔体 15A	5 只
KM	交流接触器	CJ20		3 只
SB	按钮	LA10-3H		2 个
FR	热继电器	JR36-20		1 只
KT	时间继电器	JS7-2A		1 只
	铝芯线	BLV	2.5mm²	20m
XT	端子板			4 块

2. 固定安装电气元件

检查所给电气元件是否良好，如有问题及时跟指导教师提出。在教师指导下，在亚龙 YL-210-Ⅱ 型电气装配实训台上根据布置图在网孔板上固定电气元件，如图 7-7 所示。

图 7-7　Ｙ—△减压起动电路元件布置图

3. 连接线路

根据图 7-8 所示的接线图和板前明线布线工艺要求，连接Ｙ—△减压起动控制线路，根据图 7-9 连接Ｙ—△减压起动主电路，完成连接的线路如图 7-10 所示。

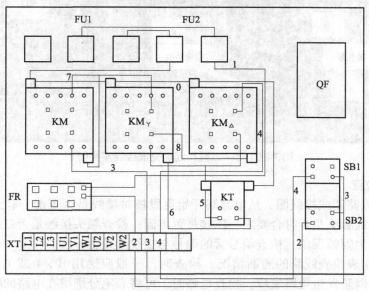

图 7-8　Ｙ—△减压起动控制电路接线图

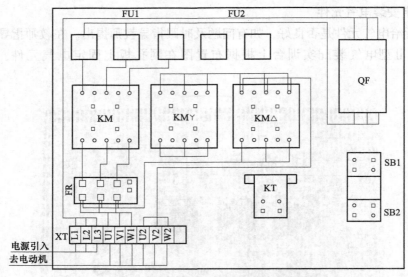

图 7-9　Ｙ—△减压起动主电路接线图

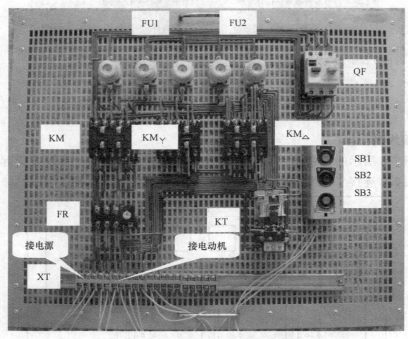

图 7-10　Ｙ—△减压起动完成接线实物图

4. 线路检查

1）按照线路图或接线图，从电源端开始逐段核对接线是否正确，有无漏接、错接之处；检查导线触头是否符合要求，压接是否牢固；检查触头接触是否良好，以避免带负载运转时产生闪弧现象。检查编号管的编号与接线图是否一致。

2）用万用表检查线路的通断情况。检查时，一般应选用 R×1 或 R×10 倍率挡，并进行调零，以防发生短路故障。检查电路时，可将表笔分别搭在电路的任意两条相线上，即测三次，读数应为电动机绕组的电阻，若三次测定结果不为零且阻值大小基本相同，电路连接正确。

3）用兆欧表检查线路的绝缘电阻值，应不小于$2M\Omega$。

特别提示

在与电动机连接时，应特别注意接线的顺序，否则电动机在三角形接法时将不能运行。

5. 通电试车

通电前，应检查与通电试车有关的电气设备是否有不安全的因素存在，若查出应立即整改，然后方能试车。

通电时，必须有教师在现场监护，合闸送电后，先用测电笔检查电源开关出线端是否有电，然后按照工作原理操作电路。观察接触器情况是否正常，电路是否符合功能要求，元器件的动作是否灵活，有无卡阻及噪声过大等现象，电动机运行情况是否正常等。但不得对线路接线是否正确进行通电检查。观察过程中，若发现有异常现象，应立即停车。当电动机运转平稳后，用钳形电流表测量三相电路是否平衡。

出现故障后，要停电进行检修。检修完毕后，如需再次试车，要请教师在现场监护。

通电试车结束后，应等电动机停转后，再切断电源开关 QF。拆线时，先拆三相电源线，再拆电动机线，最后拆板上导线和电气元件。

最后按照实训室管理规定，整理好实训台和实训室，经教师同意方可离开实训室。

想一想

1. 通电运行时，发现电动机在星形起动时是正常的，但切换到三角形运行时，接触器没有动作，应该是什么原因？

2. 通电运行时，发现电动机在星形起动时是正常的，切换到三角形运行时，接触器已经动作，但电动机停止运行了，是什么原因？

考核评价

考核内容	配分	评分细则	得分
装前检查	10	电动机质量检查(每漏一处扣5分)	
		电气元件漏检或错检(每处扣1分)	
安装布线	35	电器布置不合理(扣5分)	
		电气元件安装不牢固(每处扣2分)	
		电气元件安装不整齐、不匀称、不合理(每处扣1分)	
		损坏电气元件(扣10分)	
		不按电路图接线(扣10分)	
		布线不符合要求(每根扣1分)	
		接点松动、露铜过长、压绝缘层、反圈等(每个扣1分)	
		损伤导线绝缘层或线芯(每根扣2分)	

（续）

考核内容	配分	评分细则		得分
通电试车	40	热继电器未整定或整定错误（每只扣5分）		
		熔体规格选用不当（扣5分）		
		第一次试车不成功（扣10分）		
		第二次试车不成功（扣10分）		
		第三次试车不成功（扣10分）		
安全、文明生产	10	遵守安全操作规程（3分，违反一次扣1分）		
		材料摆放规范、整齐（3分）		
		完成任务，清理场地（4分）		
考核时间	10	定额时间90min，最大延时30min，每超过15min（不足15min以15min计）扣5分		
完成本次工作任务时出现的故障情况及相应评价				
小组同学对你完成本次工作任务的评价				
教师对你完成本次工作任务的评价				
备注		各项目的最高扣分不应超过配分分数，60分以下不合格	成绩	

知识拓展

一、判断是否采用减压起动方法

判断一台电动机能否全压起动，可以用下面的经验公式来确定：

$$\frac{I_{ST}}{I_N} \le \frac{3}{4} + \frac{S}{4P}$$

式中 I_{ST}——电动机全压起动电流，单位为A；

I_N——电动机额定电流，单位为A；

S——电源变压器容量，单位为kV·A；

P——电动机容量，单位为kW。

一般容量小的电动机采用直接起动，或满足上式时，可以用全压起动，若不满足上式，则必须采用减压起动。有时为了减小和限制起动时对机械设备的冲击，即使允许直接起动的电动机，也往往采用减压起动。

三相笼型异步电动机减压起动的方法有：定子绕组串电阻、丫/△换接、延边三角形起动及自耦变压器减压起动等。这些起动方法的实质，都是在电源电压不变的情况下，减小起动时加在电动机定子绕组上的电压，以限制起动电流，而在起动以后再将电压恢复至额定值，电动机进入正常运行。

二、其他的减压起动控制线路

1. 定子绕组串电阻减压起动控制线路

图7-11是利用时间继电器自动控制定子绕组串电阻减压起动控制线路原理图，请根据电路需要选择合适的时间继电器以及所要用到的限流电阻。

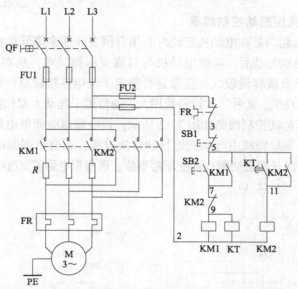

图 7-11　时间继电器自动控制定子绕组串电阻减压起动控制线路电路原理图

（1）电路的工作原理

1）合上电源开关 QF，线路有电。

2）按下起动按钮 SB2，接触器 KM1 和时间继电器 KT 的线圈同时得电吸合，KM1 的主触头闭合，电动机定子串电阻 R 减压起动。接触器 KM1 的辅助动合触头闭合电路实现自锁。时间继电器 KT 的线圈得电后，开始延时。

3）时间继电器延时的时间到，时间继电器延时闭合的动合触头闭合，接触器 KM2 线圈得电吸合，KM2 的主触头闭合，将电阻 R 短接，电动机在全压下运行，KM2 的辅助动合触头闭合实现电路自锁，同时 KM2 的辅助动断触头断开，切除接触器 KM1 和时间继电器 KT 线圈的电路，使 KM1 和 KT 失电复位。

4）电动机过电流保护由热继电器 FR 实现。

（2）起动电阻的确定

起动电阻 R 一般采用 ZX1、ZX2 系列铸铁电阻，铸铁电阻能够通过较大电流，功率大。起动电阻 R 的数值可按下列近似公式确定：

$$R \text{ 的阻值} = 190 \times \frac{I_{ST} - I'_{ST}}{I_{ST} I'_{ST}}$$

式中　I_{ST}——未串联电阻前的起动电流，单位为 A，一般 $I_{ST} = (4 \sim 7) I_N$；

I'_{ST}——串联电阻后的起动电流，单位为 A，一般 $I'_{ST} = (2 \sim 3) I_N$；

I_N——电动机的额定电流，单位为 A；

R——电动机每相串接的起动电阻值，单位为 Ω。

> **想一想**
>
> 一台三相笼型异步电动机，功率为 **20kW**，额定电流为 **38.4A**，电压为 **380V**。问各相应串联多大的起动电阻进行减压起动？

2. 自耦变压器减压起动控制线路

自耦变压器减压起动是在电动机起动时利用自耦变压器来降低加在电动机定子绕组上的起动电压。待电动机起动后，再使电动机与自耦变压器脱离，从而在全压下正常运行。自耦减压起动适用于负载容量较大，正常运行使定子绕组连接成星形而不能采用Y—△起动方式的笼型异步电动机。此种方式设备费用大，通常用于起动大型和特殊用途的电动机。

自耦变压器减压起动控制线路如图 7-12 所示。该电路靠时间继电器自动切换完成，用时间继电器切换能可靠地完成由起动到运行的转换过程，不会出现起动时间长短不一的情况，也不会因起动时间长造成烧毁自耦变压器事故。请根据电路需要选择合适的时间继电器。

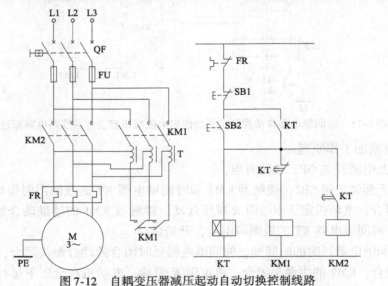

图 7-12　自耦变压器减压起动自动切换控制线路

（1）认识电路的工作原理

电路的工作原理如下：先合上电源开关 QF。

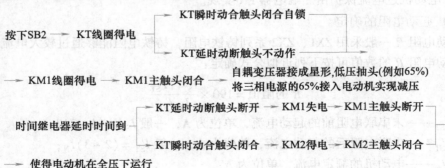

（2）认识自耦变压器

自耦变压器是输出和输入共用一组线圈的特殊变压器。它的升压和降压用不同的抽头来实现，共用线圈少的部分抽头电压就降低，共用绕组多的部分抽头电压就升高，其原理和普通变压器是一样的，只不过它的一次绕组与二次绕组共用一个线圈。一般的变压器是左边的一次绕组通过电磁感应，使右边的二次绕组产生感应电压，自耦变压器是自己影响自己。

自耦变压器是只有一个线圈的变压器，当作为减压变压器使用时，从线圈中抽出一部分线匝作为二次绕组；当作为升压变压器使用时，外施电压只加在线圈的一部分线匝上。通常把同时属于一次绕组和二次绕组的那部分线匝称为公共绕组，其余部分称为串联绕组，同容量的自耦变压器与普通变压器相比，不但尺寸小，而且效率高，并且变压器容量越大，电压越高，这个优点就越加突出。因此随着电力系统的发展、电压等级的提高和输送容量的增大，自耦变压器由于其容量大、损耗小、造价低而得到广泛应用。GTG、GTZ 系列自耦变压器较常用，其外形如图7-13所示。该系列的自耦变压器是一种单郑式变压器，一、二次侧共有一个绕组，具有结构简单、用料省、体积小等优点，广泛用于不需要电气隔离的电源用变压器及 10kW 以上异步电动机减压起动变压器。

图 7-13　自耦变压器的外形

项目八
双速电动机控制线路的安装

一般电动机只有一种转速，机械部件如机床的主轴转速是用减速箱来调整的。但在有些机床中，例如 T68 型镗床的主轴，如图 8-1 所示，要得到较宽的调速范围，就可以采用双速电动机来传动，这样可减小减速箱的复杂性。有的机床还采用了三速电动机、四速电动机。本次任务就是认识双速电动机，理解它的变速原理，掌握双速电动机控制线路的工作原理，学会双速电动机控制线路的安装。

镗床主轴

图 8-1　T68 镗床

任务一　安装按钮切换的双速电动机控制线路

工作任务

图 8-2 是利用按钮切换的双速电动机控制线路电路原理图，请根据电路需要选择合适的器件。在指定的线路板上安装相关器件，完成控制线路的接线，最后在教师的监护下，完成线路的检查和通电运行。

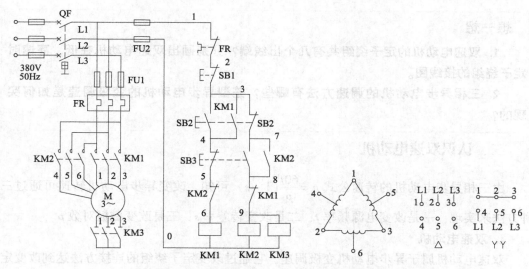

图 8-2　利用按钮切换的双速电动机控制线路电路原理图

边做边学

一、认识电路的工作原理

按钮切换的双速电动机控制线路中放置了三个按钮，分别用于低速起动（SB2）、高速运行（SB3）和停止（SB1），实现低速与高速的直接转换而无需经过停止状态。

电路的工作原理如下：先合上电源开关 QF。

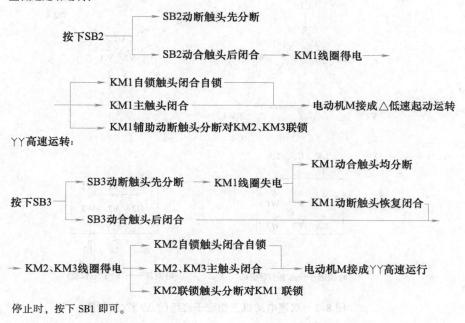

停止时，按下 SB1 即可。

想一想

1. 双速电动机的定子绕组共有几个出线端？分别画出双速电动机在低、高速时定子绕组的接线图。

2. 三相异步电动机的调速方法有哪些？笼型异步电动机的变极调速是如何实现的？

二、认识双速电动机

由三相异步电动机的转速公式 $n = \dfrac{60f}{p}(1-s)$ 可知，改变异步电动机转速可通过三种方法来实现：一是改变电源频率 f；二是改变转差率 s；三是改变磁极对数 p。

1. 双速电动机

双速电动机属于异步电动机变极调速，它通过改变定子绕组的连接方法达到改变定子旋转磁场磁极对数，从而改变电动机的转速。异步电动机的同步转速与磁极对数成反比，磁极对数增加一倍，同步转速 n_1 下降至原转速的一半，电动机额定转速 n 也将下降近一半，所以改变磁极对数可以达到改变电动机转速的目的。这种调速方法是有级的，不能平滑调速，而且只适用于笼型电动机。

2. 双速异步电动机定子绕组的连接

双速异步电动机三相定子绕组的△/丫丫接线图如图 8-3 所示。图中，三相定子组接成△，由三个连接点接出三个出线端 U1、V1、W1，从每相绕组的中点各接出一个接线端 U2、V2、W2，这样定子绕组共有六个出线端。通过改变这六个出线端与电源的连接方式，就可以得到两种不同的转速。

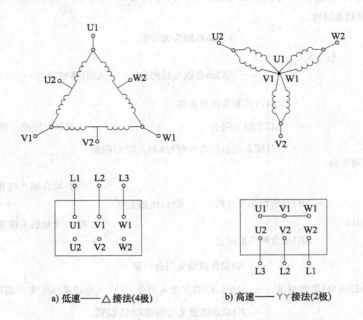

a) 低速——△接法(4极)　　　　b) 高速——丫丫接法(2极)

图 8-3　双速电动机三相定子绕组的△/丫丫接线图

电动机低速工作时，就把三相电源分别接在出线端 U1、V1、W1 上，另外三个出线端 U2、V2、W2 空着不接，如图 8-3a 所示，此时电动机定子绕组接成△，磁极为 4 极，同步转速为 1500r/min。

电动机高速工作时，把三个出线端 U1、V1、W1 并接在一起，三相电源分别接到另外三个出线端 U2、V2、W2 上，如图 8-3b 所示，这时电动机定子绕组接成丫丫，磁极为 2 极，同步转速为 3000r/min。可见，双速电动机高速运转时的转速是低速运转时转速的两倍。

值得注意的是，双速电动机定子绕组从一种接法改变为另一种接法时，必须把电源反接，以保证电动机的旋转方向不变。

三、安装按钮切换的双速电动机控制线路

1. 准备工具、仪表及器材

1）工具：测电笔、旋具、尖嘴钳、斜口钳、电工刀等电工常用工具。

2）仪表与设备：MF47 型万用表、亚龙 YL-210-Ⅱ型电气装配实训台。

3）器材：在亚龙 YL-210-Ⅱ型电气装配实训台上选取表 8-1 所列器材进行训练，所用导线采用铝芯线，规格是：BLV1 × 2.5mm²，导线数量由教师根据实际情况确定；紧固螺钉、螺母等也根据实际需要发给。

表 8-1　器材明细表

代号	名　称	型号	规　格	数量
M	三相笼型异步电动机	YD112M-4/2	3.3kW/4kW、380V、7.4A/8.6A、△/丫丫接法、1440r/min 或 2890r/min	1 台
QF	低压断路器	DZ108-20		1 只
FU	熔断器	RL1-15	熔体 15A	5 只
KM	交流接触器	CJ20		3 只
SB	按钮	LA10-3H		1 个
FR	热继电器	JR36-20		1 只
	铝芯线	BLV1	2.5mm²	20m
XT	端子板			3 块

2. 固定安装电气元件

检查所给电气元件是否良好，如有问题及时跟指导教师提出。在教师指导下在亚龙 YL-210-Ⅱ型电气装配实训台上，根据布置图在网孔板上固定电气元件，如图 8-4 所示。

3. 连接线路

根据图 8-5、图 8-6 所示的接线图和板前明线布线工艺要求，连接按钮切换双速电动机控制线路，完成连接的线路如图 8-7 所示。

4. 线路检查

1）按照线路图或接线图，从电源端开始逐段核对接线是否正确，有无漏接、错接之处；检查导线触头是否符合要求，压接是否牢固；检查触头接触是否良好，以避免带负载运转时产生闪弧现象。检查编号管的编号与接线图是否一致。

2）用万用表检查线路的通断情况。检查时，一般应选用 R×1 或 R×10 倍率挡，并进行调零，以防发生短路故障。检查电路时，可将表笔分别搭在电路的任意两条相线

图 8-4　按钮切换双速电动机控制线路元件布置图

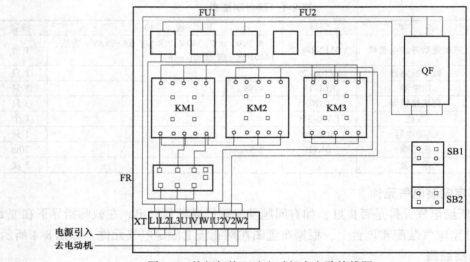

图 8-5　按钮切换双速电动机主电路接线图

上，即测三次，读数应为电动机绕组的电阻，若三次测定结果不为零且阻值大小基本相同，电路连接正确。

3）用兆欧表检查线路的绝缘电阻值，应不小于 $2M\Omega$。

5. 电动机安装注意事项

1）适当地调整调节臂，保证传送带张紧力适当，拧紧电动机各处紧固螺母到规定力矩规范。

2）保证电动机的安装支架可以满足强度、刚度要求。

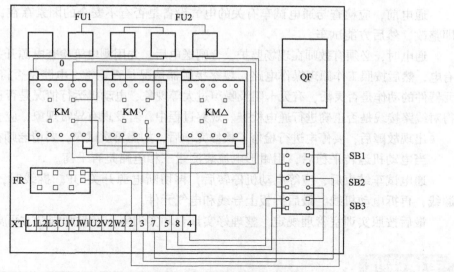

图 8-6　按钮切换双速电动机控制电路接线图

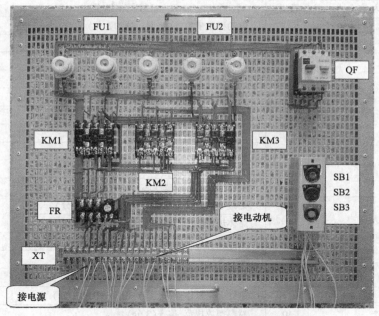

图 8-7　完成连接的按钮切换双速电动机控制线路

3）尽量保证电动机的工作环境通风良好，有干净、新鲜的空气流通。

4）电动机安装前先检查各绕组的绝缘电阻。

6. 通电试车

特别提示

　　通电试车前要检查安全措施，试车时要遵守安全操作规程，出现故障时要停电检查。

通电前，应检查与通电试车有关的电气设备是否有不安全的因素存在，若查出应立即整改，然后方能试车。

通电时，必须有教师在现场监护，合闸送电后，先用测电笔检查电源开关出线端是否有电，然后按照工作原理操作电路。观察接触器情况是否正常，电路是否符合功能要求，元器件的动作是否灵活，有无卡阻及噪声过大等现象，电动机运行情况是否正常等。但不得对线路接线是否正确进行通电检查。观察过程中，若发现有异常现象，应立即停车。

出现故障后，要停电进行检修。检修完毕后，如需再次试车，要请老师在现场监护。

当电动机运转平稳后，用钳形电流表测量三相电路是否平衡。

通电试车结束后，应等电动机停转后，再切断电源开关 QF。拆线时，先拆三相电源线，再拆电动机线，最后拆板上导线和电气元件。

最后按照实训室管理规定，整理好实训台和实训室，经教师同意方可离开实训室。

考核评价

考核内容	配分	评分细则	得分
装前检查	15	电动机质量检查(每漏一处扣5分)	
		电气元件漏检或错检(每处扣1分)	
安装布线	35	电器布置不合理(扣5分)	
		电气元件安装不牢固(每处扣2分)	
		电气元件安装不整齐、不匀称、不合理(每处扣1分)	
		损坏电气元件(扣10分)	
		不按电路图接线(扣10分)	
		布线不符合要求(每根扣1分)	
		接点松动、露铜过长、压绝缘层、反圈等(每个扣1分)	
		损伤导线绝缘层或线芯(每根扣2分)	
通电试车	30	热继电器未整定或整定错误(每只扣5分)	
		熔体规格选用不当(扣5分)	
		第一次试车不成功(扣10分)	
		第二次试车不成功(扣10分)	
		第三次试车不成功(扣30分)	
安全、文明生产	10	遵守安全操作规程(3分，违反一次扣1分)	
		材料摆放规范、整齐(3分)	
		完成任务，清理场地(4分)	
考核时间	10	定额时间90min，最大延时30min，每超过15min(不足15min以15min计)扣5分	
完成本次工作任务时出的故障情况及评价			
小组同学对你完成本次工作任务的评价			
教师对你完成本次工作任务的评价			
备注		各项目的最高扣分不应超过配分分数，60分以下不合格	成绩	

任务二　安装时间继电器切换的双速电动机控制线路

工作任务

　　图 8-8 是用时间继电器切换控制双速电动机的电路原理图，时间继电器 KT 控制电动机△接起动时间和丫丫的自动换接运转。请根据电路需要选择合适的器件。在指定的线路板上安装相关器件，完成控制线路的接线，最后在教师的监护下，完成线路的检查和通电运行。

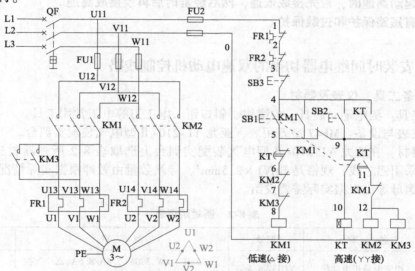

图 8-8　用时间继电器切换控制双速电动机的电路原理图

一、认识电路工作原理

先合上电源开关 QF。

低速起动运转时：

按下 SB1 ┬→ SB1 动断触头(9—10)先断开

　　　　 └→ SB1 动合触头(4—5)后闭合 ── KM1 线圈通电 ──

┬→ KM1 自锁触头(4—5)闭合自锁

├→ KM1 主触头闭合 ── 电动机 M 接成△形低速起动运转

└→ KM1 两对动断触头(5—9、11—12)断开对 KM2、KM3 形成联锁

高速起动运转时：

按下 SB2 ── KT 线圈通电 ── KT 动合瞬时触头(4—9)闭合自锁

延时一段时间后 ┬→ KT 延时动断触头(5—6)先断开 ──

　　　　　　　 └→ KT 延时动合触头(9—11)后闭合 ──

┬→ KM1 线圈断电 ┬→ KM1 动合触头均恢复断开

　　　　　　　　 └→ KM1 动断触头(6—9、11—12)恢复闭合 ──

└→ KM2、KM3 线圈同时通电

```
┌─→KM2、KM3主触头闭合 ──→电动机M定子绕组接成丫丫形高速运转
├─→KM2、KM3联锁触头(6—7、7—8)断开对KM1形成联锁
└─→停止时,按下SB3即可。
```

若电动机只需高速运转,可直接按下 SB2,则电动机定子绕组先△联结,低速起动后,再丫丫联结高速运转。

想一想

现有一台双速电动机,试按下述要求设计控制线路:

1)分别用两个按钮操作电动机的高速起动和低速起动,用一个总停止按钮操作电动机停止。

2)起动高速时,应先接成低速,然后经延时后再换接成高速。

3)有短路保护和过载保护。

二、安装时间继电器切换的双速电动机控制线路

1. 准备工具、仪表及器材

1)工具:测电笔、旋具、尖嘴钳、斜口钳、电工刀等电工常用工具。

2)仪表与设备:MF47 型万用表、亚龙 YL-210-Ⅱ型电气装配实训台。

3)器材:在亚龙 YL-210-Ⅱ型电气装配实训台上选取表 8-2 所列器材进行训练,所用导线采用铝芯线,规格是 BLV1×2.5mm²,导线数量由教师根据实际情况确定;紧固螺钉、螺母等也根据实际需要发给。

表 8-2 器材明细表

代号	名 称	型 号	规 格	数量
M	三相笼型异步电动机	YD112M-4/2	3.3kW/4kW、380V、7.4A/8.6A、△/丫丫接法、1440r/min 或 2890r/min	1 台
QF	低压断路器	DZ108-20		1 只
FU	熔断器	RL1-15	熔体 15A	5 只
KM	交流接触器	CJ20		3 只
SB1	按钮	LA10-3H		1 个
FR	热继电器	JR36-20		2 只
KT	时间继电器	JS7-2A		1 只
	铝芯线	BLV	2.5mm²	20m
XT	端子板	JF-2.5/5		3 块

2. 固定安装电气元件

检查所给电气元件是否良好,如有问题及时跟指导教师提出。在教师指导下,在亚龙 YL-210-Ⅱ型电气装配实训台上根据布置图在网孔板上固定电气元件,如图 8-9 所示。

3. 连接线路

根据图 8-10、图 8-11 所示的接线图和板前明线布线工艺要求,先接控制电路,然后再接主电路,完成用按钮和时间继电器控制双速电动机低速起动高速运行的线路,完成连接的线路如图 8-12 所示。

图 8-9 时间继电器控制电路元件布置图

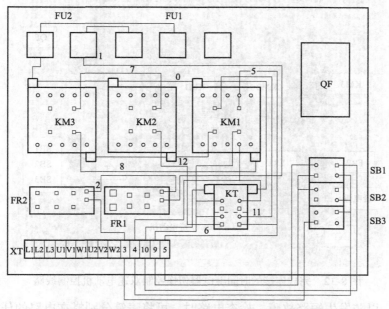

图 8-10 用时间继电器切换控制双速电动机的控制电路接线图

4. 线路检查

1）按照线路图或接线图，从电源端开始逐段核对接线是否正确，有无漏接、错接之处；检查导线接点是否符合要求，压接是否牢固；检查触头接触是否良好，以避免带负载运转时产生闪弧现象。检查编号管的编号与接线图是否一致。

2）用万用表检查线路的通断情况。检查时，一般应选用 R×1 或 R×10 倍率挡，

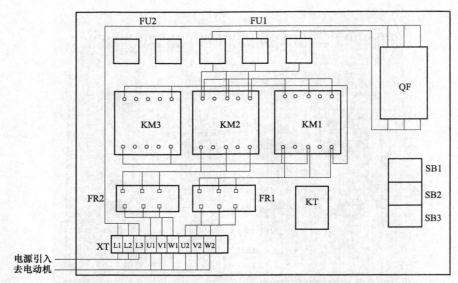

图 8-11　用时间继电器切换控制双速电动机的主电路接线图

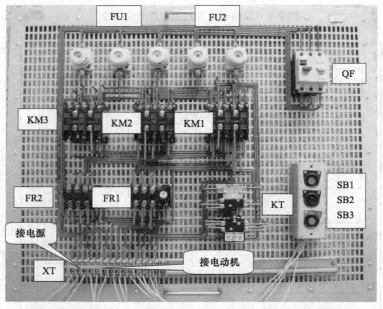

图 8-12　完成连接的时间继电器切换控制双速电动机控制线路

并进行调零，以防发生短路故障。检查电路时，可将表笔分别搭在电路的任意两条相线上，即测三次，读数应为电动机绕组的电阻，若三次测定结果不为零且阻值大小基本相同，电路连接正确。

3）用兆欧表检查线路的绝缘电阻值，应不小于 $2\mathrm{M}\Omega$。

5. 电动机安装注意事项

1）适当地调整调节臂，保证传送带张紧力适当，拧紧电动机各处紧固螺母到规定力矩规范。

2）保证电动机的安装支架可以满足强度、刚度要求。

3）尽量保证电动机的工作环境通风良好，有干净、新鲜的空气流通。

4）电动机安装前先检查各绕组的绝缘电阻。

6. 通电试车

> **特别提示**
>
> 　　通电试车前要检查安全措施，试车时要遵守安全操作规程，出现故障时要停电检查。

通电前，应检查与通电试车有关的电气设备是否有不安全的因素存在，若查出应立即整改，然后方能试车。

通电时，必须有教师在现场监护，合闸送电后，先用测电笔检查电源开关出线端是否有电，然后按照工作原理操作电路。观察接触器情况是否正常，电路是否符合功能要求，元器件的动作是否灵活，有无卡阻及噪声过大等现象，电动机运行情况是否正常等。但不得对线路接线是否正确进行通电检查。观察过程中，若发现有异常现象，应立即停车。

出现故障后，要停电进行检修。检修完毕后，如需再次试车，要请老师在现场监护。

当电动机运转平稳后，用钳形电流表测量三相电路是否平衡。

通电试车结束后，应等电动机停转后，再切断电源开关 QF。拆线时，先拆三相电源线，再拆电动机线，最后拆板上导线和电气元件。

最后按照实训室管理规定，整理好实训台和实训室，经教师同意方可离开实训室。

考核评价

考核内容	配分	评分细则	得分
装前检查	15	电动机质量检查(每漏一处扣5分)	
		电气元件漏检或错检(每处扣1分)	
安装布线	35	电器布置不合理(扣5分)	
		电气元件安装不牢固(每处扣2分)	
		电气元件安装不整齐、不匀称、不合理(每处扣1分)	
		损坏电气元件(扣10分)	
		不按电路图接线(扣10分)	
		布线不符合要求(每根扣1分)	
		接点松动、露铜过长、压绝缘层、反圈等(每个扣1分)	
		损伤导线绝缘层或线芯(每根扣2分)	
通电试车	30	热继电器未整定或整定错误(每只扣5分)	
		熔体规格选用不当(扣5分)	
		第一次试车不成功(扣10分)	
		第二次试车不成功(扣10分)	
		第三次试车不成功(扣40分)	

（续）

考 核 内 容	配分	评 分 细 则	得分
安全、文明生产	10	遵守安全操作规程(3分,违反一次扣1分) 材料摆放规范、整齐(3分) 完成任务,清理场地(4分)	
考核时间	10	定额时间90min,最大延时30min,每超过15min(不足15min以15min计)扣5分	
完成本次工作任务的评价			
小组同学对你完成本次工作任务的评价			
教师对你完成本次工作任务的评价			
备注		各项目的最高扣分不应超过配分分数,60分以下不合格	成绩	

项目九
制动控制线路的安装

电动机断开后，由于惯性作用不会马上停止转动，而是需要转动一段时间才能完全停止下来。这种情况对于某些生产机械是不适宜的。比如起重机的吊钩需要准确定位、万能铣床要求立即停转等，图9-1所示为万能铣床，为了满足这些生产机械的这种要求，就需要对电动机进行制动。

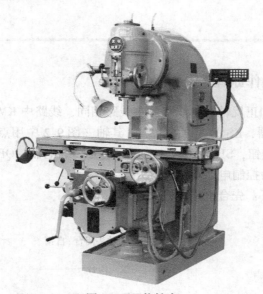

图 9-1 万能铣床

制动是给电动机一个与转动方向相反的转矩使它迅速停转（或限制其转速）。制动的方法一般有两类：电力制动和机械制动。使电动机在切断电源停转的过程中，产生一个和电动机实际旋转方向相反的电磁转矩（制动转矩），迫使电动机迅速停转的方法称为电力制动；利用机械装置使电动机断开电源后迅速停转的方法叫机械制动。

工作任务

图9-2所示电路为单向起动反接制动控制线路电路原理图，请根据需要选择相应的电气元件后，在指定的电路板上安装电源开关、熔断器、按钮和交流接触器等电气元件，

连接电动机制动控制的控制线路，最后在老师的监护下，完成线路的检查和通电运行。

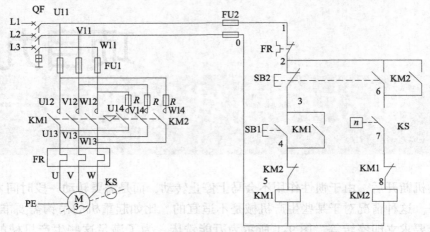

图 9-2 单向起动反接制动控制线路电路原理图

边做边学

一、认识电路工作原理

该线路的主电路和正反转控制线路的主线路相同，线路中 KM1 为正转运行接触器，KM2 为反转制动接触器，KS 为速度继电器，其轴（图 9-2 中用点画线表示）与电动机轴相连。SB1 为起动按钮，SB2 为停止按钮，FR 为热继电器。QF 为电源开关，FU1 为主电路熔断器，FU2 为控制电路熔断器。

电路工作原理如下：先合上电源开关 QF；

单向起动：

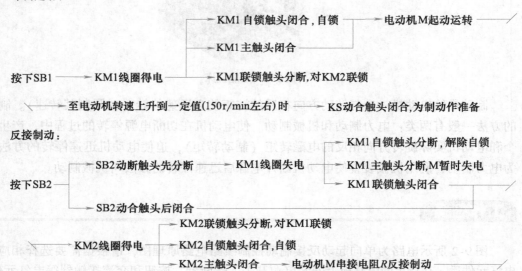

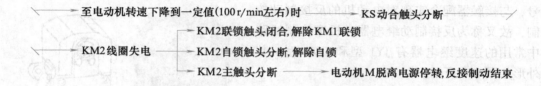

至电动机转速下降到一定值(100r/min左右)时 ——→ KS动合触头分断

┌── KM2联锁触头闭合,解除KM1联锁

KM2线圈失电 ──── KM2自锁触头分断,解除自锁

└── KM2主触头分断 ——→ 电动机M脱离电源停转,反接制动结束

二、反接制动原理

依靠改变电动机定子绕组的电源相序来产生制动转矩,迫使电动机迅速停转的方法叫反接制动,在图9-3a中,当QS向上投合时,电动机定子绕组电源电压相序为L1-L2-L3,电动机将沿旋转磁场方向(如图9-3b中顺时针方向),以 $n < n_1$ 的转速正常运转。

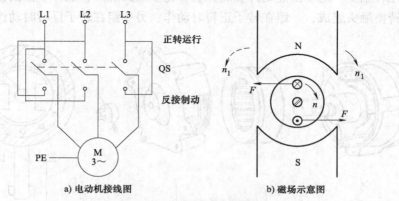

a) 电动机接线图　　　　b) 磁场示意图

图9-3　反接制动原理图

当电动机需要停转时,拉下开关QS,使电动机先脱离电源(此时转子由于惯性仍按原方向旋转)。随后,将开关QS迅速向下投合,由于L1、L2两相电源线对调,电动机定子绕组电源电压相序变为L2-L1-L3,旋转磁场反转(如图9-3b中的逆时针方向),此时转子将以 $n_1 + n$ 的相对转速沿原转动方向切割旋转磁场,在转子绕组中产生感应电流,用右手定则判断出其方向如图9-3b所示。而转子绕组一旦产生电流,又受到旋转磁场的作用,产生电磁转矩,其方向可用左手定则判断出来。可见,此转矩方向与电动机的转动方向相反,使电动机受制动迅速停转。

> **特别提示**
>
> 　　当电动机转速接近零值时,应立即切断电动机电源,否则电动机将反转。

为此,在反接制动设备中,为了保证电动机的转速被制动到接近零值时能迅速切断电源,防止反向起动,常利用速度继电器自动地及时切断电源。

三、速度继电器的选用

1. 认识速度继电器

速度继电器是反映转速和转向的继电器,其主要作用是以旋转速度的快慢为指令信号，与接触器配合实现对电动机的反接制动控制，故又称为反接制动继电器。机床控制线路中常用的速度继电器有 JY1 型和 JFZ0 型，其外形如图 9-4 所示。

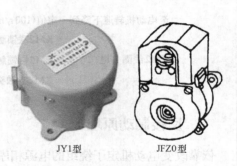

JY1型　　　　　JFZ0 型

图 9-4　常用速度继电器

2. JY1 型速度继电器结构与工作原理

（1）结构

JY1 型速度继电器的结构和电气符号如图 9-5 所示，主要由定子、转子、可动支架、触头系统及端盖等部分组成。转子由永久磁铁制成，固定在转轴上；定子由硅钢片叠成并装有笼型短路绕组，能作小范围偏转；触头系统由两组转换触头组成，一组在转子正转时动作；另一组在转子反转时动作。

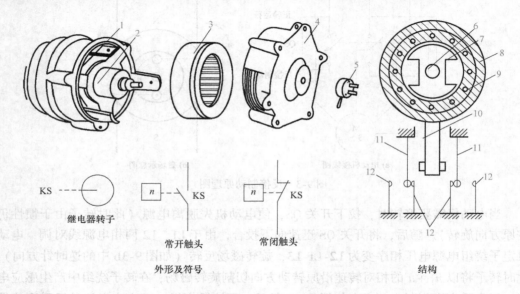

外形及符号　　　　　　　　　　　　　　　　结构

图 9-5　JY1 型速度继电器

1—可动支架　2—转子　3,8—定子　4—端盖　5—连接头　6—电动机轴　7—转子（永久磁铁）
9—定子绕组　10—胶木摆杆　11—簧片（动触头）　12—静触头

（2）原理

当电动机旋转时，速度继电器的转子 7 随之转动，在空间中形成旋转磁场，该旋转磁场使得定子绕组 9 上产生感应电流，感应电流与旋转磁场相互作用而产生电磁转矩，使得定子 8 随永久磁铁转动的方向偏转，与定子 8 相连的胶木摆杆 10 随之偏转，当定子 8 偏转到一定角度时，胶木摆杆推动簧片 11，使继电器的触头动作。

当转子转速减小到接近零时，由于定子的电磁转矩减小，胶木摆杆 10 恢复原状态，触头也随即复位。

3. 速度继电器的型号及含义

JFZ0 型速度继电器的型号含义如下：

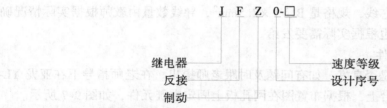

4. **速度继电器的选用**

速度继电器主要根据所需要控制的转速大小、触头的数量和电压、电流选用。常用速度继电器的技术数据见表9-1。

表9-1　速度继电器的主要技术数据

型号	额定电压 /V	触头额定电流 /A	触头对数 正转动作	触头对数 反转动作	额定工作转速 /(r/min)	允许操作频率 /(次/h)
JY1 JFZ0-1 JFZ0-2	380	2	1组转换触头	1组转换触头	100～3000	<30
			1常开、1常闭	1常开、1常闭	300～1000	
			1常开、1常闭	1常开、1常闭	1000～3600	

速度继电器的动作一般不低于100～300r/min，复位转速约在100r/min以下。常用的速度继电器中，JY1型能在3000r/min以下可靠工作，JFZ0型的两组触头改用两个微动开关，使其触头的动作速度不受定子偏转速度的影响，额定工作转速有300～1000r/min（JFZ0-1型）和1000～3600r/min（JFZ0-2型）两种。

5. **速度继电器的安装与使用**

1）速度继电器的转轴应与电动机同轴连接，且使两轴的中心线重合。速度继电器的轴可用联轴器与电动机的轴连接，如图9-6所示。

2）安装接线时，应注意正反向触头不能接错，否则不能实现反接制动控制。

3）金属外壳应可靠接地。

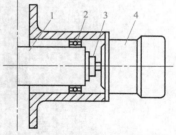

图9-6　速度继电器的安装
1—电动机轴　2—电动机轴承
3—联轴器　4—速度继电器

想一想

1. 速度继电器在安装时要注意哪些？
2. 速度继电器的主要作用是什么？

四、反接制动控制线路安装

1. **准备工具、仪表及器材**

1）工具：测电笔、旋具、尖嘴钳、斜口钳、电工刀等电工常用工具。

2）仪表与设备：ZC25-3型兆欧表（500V、1～500MΩ）、MG3-1型钳形电流表、MF47型万用表、亚龙YL-210-Ⅱ型电气装配实训台。

3）电气元件及材料：在亚龙YL-210-Ⅱ型电气装配实训台上选取表9-2所列器材

训练，所用导线采用铝芯线，规格是 BLV1 ×2.5mm²，导线数量由教师根据实际情况确定；紧固螺钉、螺母等也根据实际需要发给。

2. 固定安装电气元件

检查所给电气元件是否良好，如有问题及时跟老师提出。在老师指导下在亚龙 YL-210-Ⅱ型电气装配实训台上，根据布置图在网孔板上固定电气元件，如图 9-7 所示。

表 9-2　电气元件明细表

代号	名称	型号	规格	数量
M	三相笼型异步电动机	WDJ26		1 台
QF	低压断路器	DZ108-20		1 只
FU	熔断器	RL1-15	熔体 15A	5 只
SB	按钮	LA10-3H		1 只
KM	接触器	CJ20		2 只
FR	热继电器	JR36-20		1 只
	铝芯线	BLV	2.5mm²	20m
XT	端子板	JF-2.5/5		3 块

图 9-7　反接制动控制线路元件布置图

3. 连接线路

根据图 9-8 所示的接线图和板前明线布线工艺要求，连接控制线路，并根据接线图和板前明线布线工艺要求连接导线，完成连接的线路如图 9-9 所示。

4. 电路检查

1）按照电路图或接线图，从电源端开始逐段核对接线是否正确，有无漏接、错接之处；检查导线接点是否符合要求，压接是否牢固；检查触头接触是否良好，以避免带负载运转时产生闪弧现象。

2）用万用表检查线路的通断情况。检查时，一般应选用 ×1 或 ×10 倍率挡，

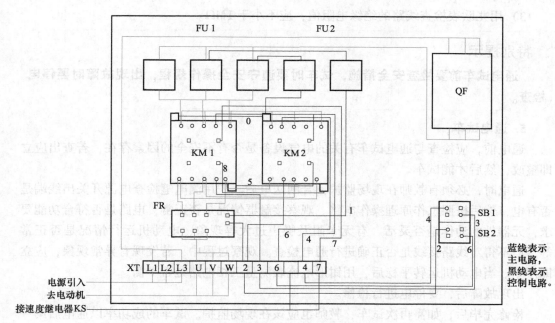

图 9-8 反接制动控制线路接线图

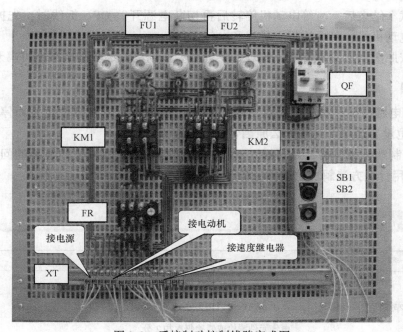

图 9-9 反接制动控制线路完成图

并进行调零,以防发生短路故障。对于控制电路和主电路可分别检查,检查控制电路时(断开主电路),可将表笔分别搭在连接控制电路的两条相线上,读数应为"∞",按下按钮 SB 后,万用表读数应为接触器线圈的直流电阻值。然后断开控制电路,再检查主电路各相有无开路或短路现象,此时,可用手动来代替接触器通电进行检查。

3）用兆欧表检查线路的绝缘电阻值，应不小于1MΩ。

特别提示

通电试车前要检查安全措施，试车时要遵守安全操作规程，出现故障时要停电检查。

---

5. 通电试车

通电前，应检查与通电试车有关的电气设备是否有不安全的因素存在，若查出应立即整改，然后才能试车。

通电时，必须有教师在现场监护，合闸送电后，先用测电笔检查电源开关出线端是否有电，然后按照工作原理操作电路。观察接触器情况是否正常，电路是否符合功能要求，元器件的动作是否灵活，有无卡阻及噪声过大等现象，电动机运行情况是否正常等。但不得对线路接线是否正确进行通电检查。观察过程中，若发现有异常现象，应立即停车。当电动机运转平稳后，用钳形电流表测量三相电路是否平衡。

出现故障后，要停电进行检修。

检修完毕后，如需再次试车，教师也应该在现场监护。试车的成功率以通电后第一次按下按钮时计算。

通电试车结束后，应等电动机停转后再切断电源开关QF。拆线时，先拆三相电源线，再拆电动机线，最后拆板上导线和电气元件。

最后按照实训室管理规定，整理好实训台和实训室，经教师同意方可离开实训室。

想一想

1. 在电路调试过程中，如果出现按下停止按钮后，电动机没有立即停下，接触器KM2也没有动作，会是什么原因？应该检查哪块电路？

2. 请制动一张表格，分两栏，一栏总结你在电路调试过程中遇到的问题，另一栏是你采用什么方法解决这些问题的。

考核评价

考核内容	配分	评分细则	得分
选用和检查元器件	10	不能正确地选用元件每次扣2分	
		万用表挡位用错扣5分	
		电气元件漏检或错检每次扣2分	
绘制布置图和接线图	10	电气元件布置不合理每处扣2分	
		接线图画错每处扣2分	
固定元器件	10	不按照布置图安装扣10分	
		安装不牢固、不整齐、不合理每处扣2分	
		损坏元器件扣10分	

（续）

考 核 内 容	配分	评 分 细 则	得分
布线	20	不按照接线图接线扣 20 分	
		布线不符合工艺要求每处扣 5 分	
通电试车	30	不按照要求通电试车扣 30 分	
		操作不当每次扣 5 分	
		试车不成功每次扣 10 分	
安全、文明生产	10	发生安全事故扣 10 分	
		材料摆放零乱扣 5 分	
		实训结束不清理场地扣 5 分	
考核时间	10	定额时间 180min，最大延时 30min，每超过 15min（不足 15min 以 15min 计）扣 5 分	
备注		各项目的最高扣分不应超过配分分数，60 分以下不合格	成绩

知识链接

其他常用的制动方式

1. 能耗制动

当电动机切断交流电源后，立即在定子绕组的任意两相中通入直流电，迫使电动机迅速停转的方法叫能耗制动。

能耗制动原理图如图 9-10 所示，先断开电源开关 QS1，切断电动机的交流电源，这时转子仍沿原方向惯性运转；随后立即合上开关 QS2，并将 QS1 向下合闸，电动机 V、W 两相定子绕组通入直流电，使定子中产生一个恒定的静止磁场，这样做惯性运转的转子因切割磁力线而在转子绕组中产生感应电流，其方向可用右手定则判断出来。转子绕组中一旦产生了感应电流，又立即受到静止磁场的作用，产生电磁转矩，用左手定则判断此转矩的方向正好与电动机的转向相反，电动机受制动迅速停转。

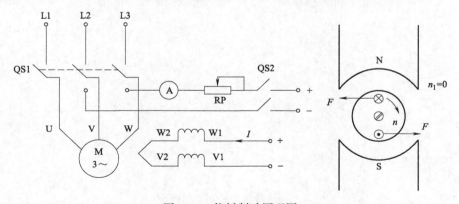

图 9-10 能耗制动原理图

这种方法是通过在定子绕组中通入直流电以消耗转子惯性运转的动能来进行制动的，所以称为能耗制动，又称为动能制动。

2. 电容制动

当电动机切断电源后，立即在电动机定子绕组的出线端接入电容器来迫使电动机迅速停转的方法叫电容制动。电容制动的制动原理是：当旋转着的电动机断开交流电源时，转子内仍有剩磁，随着转子的惯性转动，形成一个随转子转动的旋转磁场，这个磁场切割定子绕组产生感应电动势，并通过电容器回路形成感应电流，该电流产生的磁场与转子绕组中的感应电流相互作用，产生一个与旋转方向相反的制动转矩，使电动机受制动迅速停转。

3. 电磁抱闸制动器制动

电磁抱闸制动器又分为断电制动型和通电制动型两种。断电制动型的工作原理是：当制动电磁铁的线圈得电时，制动器闸瓦与闸轮分开，无制动作用；当线圈失电时，闸瓦紧紧抱住闸轮制动。通电制动型的工作原理是：当线圈得电时，闸瓦紧紧抱住闸轮制动；当线圈失电时，闸瓦与闸轮分开，无制动作用。

另外，还有再生发电制动和电磁离合器制动等多种制动方式，这里就不一一介绍了。

项目十
直流电动机控制线路的安装

直流电动机和交流电动机使用的电源不同，交流电动机采用交流电源，而直流电动机使用直流电源。与交流电动机相比，直流电动机具有转矩大、调速范围宽、调速精度高、能实现平滑无级调速以及可以频繁起动等一系列优点，故对需要在大范围内实现无级平滑调速、需要大转矩起动的生产机械，常用直流电动机来拖动。而龙门刨床就是这种典型的生产机械，如图 10-1 所示。通过完成这个项目，可以了解电压继电器和电流继电器的结构和功能，知道并励直流电动机控制线路的特点，学会并励直流电动机的控制方法。

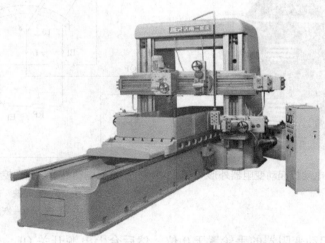

图 10-1　龙门刨床

工作任务

直流电动机按照主磁极绕组与电枢绕组接线方式的不同，可以分为他励式和自励式两种，自励式又可分为并励式、串励式和复励式几种。龙门刨床采用并励式直流电动机提供动力。并励直流电动机励磁绕组与电枢绕组并联，其特点是励磁绕组匝数多，导线截面积较小，励磁电流只占电枢电流的一小部分。本项目主要学习龙门刨床并励直流电动机控制线路，了解其起动、正反转和制动线路工作原理及安装方法。

边做边学

一、认识并励直流电动机的起动方法及工作原理

并励直流电动机常用的起动方法有两种：一是电枢回路串联电阻起动；二是降低电源电压起动。并励直流电动机常采用的是电枢回路串联电阻起动。

1. 并励直流电动机手动起动线路

BQ3 直流电动机起动变阻器用于小容量且电压不超过 220V 的直流电动机起动。它主要由电阻元件、调节转换装置和外壳三大部分组成，其外形如图 10-2 所示。

并励直流电动机手动起动控制线路电路原理图如图 10-3 所示。电路四个接线端 E1、L+、A1 和 L− 分别与电源、电枢绕组和励磁绕组相连。手轮 8 附有衔铁 9 和恢复弹簧 10，弧形铜条 7 的一端直接与励磁电路接通，同时经过全部起动电阻与电枢绕组接通。

图 10-2　BQ3 直流电动机起动变阻器外形

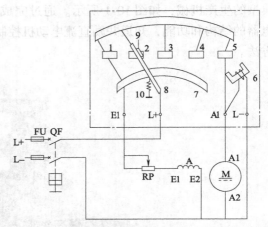

图 10-3　并励直流电动机手动起送控制线路电路原理图

0～5—分段静触头　6—电磁铁　7—弧形铜条
8—手轮　9—衔铁　10—恢复弹簧

在起动前，起动变阻器的手轮置于 0 位，然后合上电源开关 QF，慢慢转动手轮 8，使手轮从 0 位转到静触头 1，接通励磁绕组电路，同时将变阻器 RP 的全部起动电阻接入电枢电路，电动机开始起动旋转。随着转速的升高，手轮依次转到静触头 2、3、4 等位置，使起动电阻逐级切除，当手轮转到最后一个静触头 5 时，电磁铁 6 吸住手轮衔铁 9，此时起动电阻器全部切除，直流电动机起动完毕，进入正常运转。

当电动机停止工作切断电源时，电磁铁 6 由于线圈断电吸力消失，在恢复弹簧 10 的作用下，手轮自动返回 0 位，以备下次起动。电磁铁 6 还具有失电压和欠电压保护作用。

由于并励电动机的励磁绕组具有很大的电感，所以当手轮回复到 0 位时，励磁绕组会因突然断电而产生很大的自感电动势，可能会击穿绕组的绝缘材料，在手轮和铜条间还会产生火花，将动触头烧坏。因此，为了防止发生这些现象，应将弧形铜条 7 与静触

头1相连，在手轮回到0位时，使励磁绕组、电枢绕组和起动电阻组成一闭合回路，作为励磁绕组断电时的放电回路。

起动时，为了获得较大的起动转矩，应短接励磁电路的外接电阻 RP，使励磁电流最大。

2. 并励直流电动机电枢回路串电阻二级起动控制线路

1）并励直流电动机电枢回路串电阻二级起动控制线路电路原理图如图10-4所示。其中 KA1 为欠电流继电器，作为励磁绕组的失磁保护，以免励磁绕组因断线或接触不良引起"飞车"事故；KA2 为过电流继电器，对电动机进行过载和短路保护；电阻 R 为电动机停转时励磁绕组的放电电阻；V 为续流二极管，使励磁绕组正常工作时电阻 R 上没电流流过。

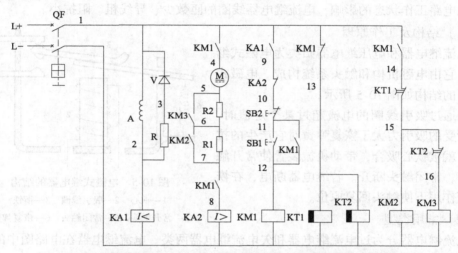

图 10-4　并励直流电动机电枢回路串电阻二级起动控制线路电路原理图

2）电路工作原理分析

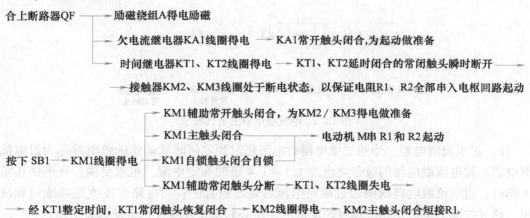

停止时，按下SB2即可。

二、电压、电流继电器的选择

在对并励直流电动机的控制过程中，欠电流继电器作为励磁绕组的失磁保护，可防止励磁绕组因断线或接触不良引起"飞车"事故；过电流继电器对电动机进行过载和短路保护；并励直流电动机在起动时，电压继电器监测励磁绕组两端电压，保证直流电动机能安全起动。电压继电器和电流继电器作为直流电动机的保护继电器，对直流电动机的安全运行至关重要，我们需要了解两种继电器的工作原理。

1. 电流继电器

反映输入量为电流的继电器叫做电流继电器。使用时，电流继电器的线圈串联在被测电路中，当通过线圈的电流达到预定值时，其触头动作。为降低串入电流继电器线圈后对原电路工作状态的影响，电流继电器线圈的匝数少、导线粗、阻抗小。

（1）结构及工作原理

电流继电器和电压继电器归类为电磁式继电器，它由电磁机构和触头系统构成。电磁式继电器的结构如图 10-5 所示。

当通过吸引线圈的电流超过某个定值时，衔铁所受的吸引力大于恢复弹簧对它产生的拉力，它就被铁心吸合，带动机械装置使常开触头闭合，常闭触头断开。若继电器断电，在恢复弹簧作用下使触头回复原位。

（2）常用类型

电流继电器分为过电流继电器和欠电流继电器两类。电流继电器在电路图中的电气符号如图 10-6 所示。

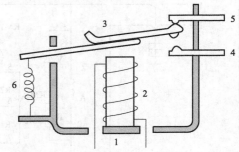

图 10-5　电磁式继电器的结构
1—铁心　2—吸引线圈　3—衔铁
4—常开触头　5—常闭触头　6—恢复弹簧

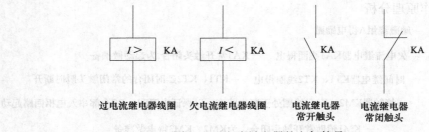

过电流继电器线圈　　欠电流继电器线圈　　电流继电器常开触头　　电流继电器常闭触头

图 10-6　电流继电器的电气符号

1）过电流继电器。当通过继电器的电流超过预定值时就动作的继电器称为过电流继电器。过电流继电器的吸合电流为 1.1 ~ 1.4 倍的额定电流，也就是说，在电路正常工作时，过电流继电器线圈通过额定电流时是不吸合的；当电路中发生短路或过载故障，通过线圈的电流达到或超过预定值时，铁心和衔铁才吸合，带动触头动作。

2）欠电流继电器。当通过继电器的电流减小到低于整定值时就动作的继电器称为欠电流继电器。欠电流继电器的吸合电流一般为线圈额定电流的 0.3 ~ 0.65 倍，释放电流为额定电流的 0.1 ~ 0.2 倍。因此，在电路正常工作时，欠电流继电器的衔铁与铁心始终是吸合的。只有当电流降至低于整定值时，欠电流继电器才会释放，发出信号，从而改变电路的状态。

（3）型号及意义

常见电流继电器型号及意义：

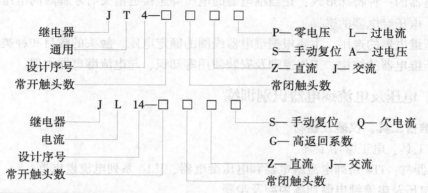

（4）电流继电器的选择

1）电流继电器的额定电流可按电动机长期工作的额定电流来选择。对于频繁起动的电动机，额定电流可选大一个等级。

2）电流继电器的触头、种类、数量、额定电流及复位方式应满足控制电路的要求。

3）过电流继电器的整定电流一般取电动机额定电流的 1.7～2 倍，频繁起动的场合可取电动机额定电流的 2.25～2.5 倍。欠电流继电器的整定电流一般取额定电流的 0.1～0.2 倍。

（5）安装与使用

1）安装前应检查继电器的额定电流和整定电流值是否符合实际使用要求，继电器的动作部分是否灵活、可靠，外罩及壳体是否有损坏或缺件等情况。

2）安装后应在触头不通电的情况下，使吸引线圈通电操作几次，看继电器动作是否可靠。

3）定期检查继电器各零部件是否有松动及损坏现象，并保持触头的清洁。

2. 电压继电器

反映输入量为电压的继电器叫电压继电器。使用时，电压继电器的线圈并联在被测量的电路中，根据线圈两端电压的大小而接通或断开电路。因此，电压继电器的导线细、匝数多、阻抗大。

（1）常用类型

电压继电器分为过电压继电器、欠电压继电器和零电压继电器，电压继电器在电路图中的电气符号如图 10-7所示。

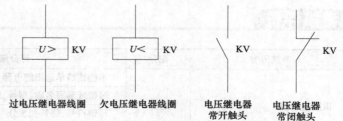

图 10-7　电压继电器的电气符号

过电压继电器是当电压大于其整定值时动作的电压继电器，主要用于对电路或设备的过电压保护。常用的过电压继电器为 JT4-A 系列，其动作电压值可在 $(1.05 \sim 1.20)U_N$ 范围内调节。

欠电压继电器是当电压降至某一规定范围时释放的电压继电器。零电压继电器是欠电压继电器的一种特殊形式，是当继电器的电压降至接近消失时才释放的电压继电器。

(2) 电压继电器的选择

电压继电器的选用，主要根据继电器线圈的额定电压、触头的数目和种类进行。

电压继电器的结构、工作原理及安装使用等知识，与电流继电器类似。

三、电压及电流继电器识别训练

1. 准备工具、仪表及器材

1）工具：电工常用工具。

2）器材：JT4 系列电流继电器和电压继电器、JL14 系列电流继电器。

2. 电压及电流继电器训练内容及步骤

1）在教师指导下，仔细观察不同类型、规格的继电器，熟悉它们外形、型号和主要技术参数的意义、功能、结构及工作原理、接入电路的元器件及其接线柱等。

2）由学生根据实物写出其名称、型号规格及文字符号，并画出图形符号等，填入表 10-1 中。

表 10-1 电压及电流继电器识别

序号	1	2	3	4	5
名称					
型号规格					
文字符号					
图形符号					
主要功能					
主要参数					

3）注意事项：

① 训练过程中注意不得损坏继电器。

② JT4 系列电压继电器与电流继电器的外形和结构相似，但线圈不同，刻度值不同，应注意其区别。

考核评价

考核内容	配分	评分细则	得分
识别继电器	50	不能按清单选出继电器，每只扣 5 分	
		写错或漏写名称、型号，每只扣 5 分	
		写错符号，每只扣 5 分	
		写错或漏写参数、作用，每只扣 5 分	

（续）

考核内容	配分	评分细则	得分
继电器选用	30	不会选用继电器的动作值，每只扣 10 分	
		不会调节继电器的复位方式，每只扣 10 分	
安全、文明生产	10	遵守安全操作规程(3 分，违反一次扣 1 分)	
		材料摆放规范、整齐(3 分)	
		完成任务，清理场地(4 分)	
考核时间	10	定额时间 90min，最大延时 30min，每超过 15min(不足 15min 以 15min 计)扣 5 分	
完成本次工作任务的评价			
小组同学对你完成本次工作任务的评价			
教师对你完成本次工作任务的评价			
备注		各项目的最高扣分不应超过配分分数，60 分以下不合格	成绩

四、龙门刨床并励直流电动机控制线路的安装

1. 准备工具、仪表及器材

按表 10-2 选配工具、仪表及器材，并进行质量检验。元件明细表见表 10-3。

表 10-2　工具与仪表

工具	电工常用工具
仪表	MF47 万用表、ZC25-3 型兆欧表、636 型转速表、MG20 型钳型电流表

表 10-3　元件明细表

代号	名称	型号	规格	数量
M	直流电动机	Z4-100-1	他励式、1.5kW、160V、13.3A	1 台
QF	断路器	DZ5-20/230	2 级、220V、20V、整定电流 13.4A	1 只
FU	熔断器	RC1A-60/30	60A、配熔体 30A	2 只
RS	起动变阻器	BQ3		1 只
RP	调速变阻器	BC1-300	300W、0 ~ 200Ω	1 只
XT	端子板	JD0-2520	380V、25A、20 节	1 块
	导线	BVR-1.5mm^2		若干

2. 龙门刨床并励直流电动机控制线路训练内容及步骤

线路的安装方法及步骤如下：

(1) 安装电气元件并连线

根据图 10-4 所示电路图，牢固安装各电气元件，并根据图 10-8 所示的接线图进行正确布线。电源开关及起动变阻器的安装位置要接近电动机和被拖动的机械，以便在控

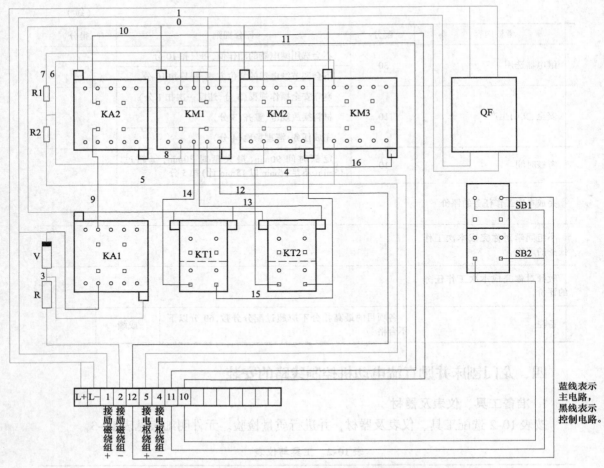

图 10-8　龙门刨床并励直流电动机控制线路接线图

制时看到电动机和被拖动机械的运行情况。

（2）自检

安装完毕的控制线路板，必须经过认真检查以后，才允许通电试车，以防止接错、漏接，造成不能正常工作或短路事故。

（3）通电试车

检查无误后通电试车。操作顺序如下：

1）合上电源开关 QF 前，让起动变阻器 RS 的手轮置于最左端的 0 位，RP 的阻值调到零。

2）合上电源开关 QF。慢慢转动起动变阻器手轮 8，使手轮从 0 位逐步转至 5 位，逐级切除起动电阻。在每切除一级电阻后要停留数秒钟，用转速表测量其转速并填入表 10-4。用钳形电流表测量电枢电流以观察电流的变化情况。

表 10-4　测量结果

手轮位置					
转速/(r/min)					

3）调节变阻器 RP，在逐渐增大其阻值时，要注意测量电动机转速，其转速不能超过电动机的弱磁转速 2000r/min。测量结果填入表 10-5 中。

表 10-5　测量结果

手轮位置				
转速/（r/min）				

4）停转时，切断电源开关 QF，将调速变阻器 RP 的阻值调到零，并检查起动变阻器 RS 是否自动返回起始位置。

3. 注意事项

1）通电试车前，要认真检查励磁回路的接线，必须保证连接可靠，以防止电动机运行时出现因励磁回路断路失磁引起"飞车"事故。

2）起动时，应使变阻器 RP 短接，使电动机在满磁情况下起动；起动变阻器 RS 要逐级切换，不可越级切换或一扳到底。

3）直流电源若采用单相桥式整流器供电时，必须外接 15mH 的电抗器。

4）通电试车时，必须有指导教师在现场监护，同时做到安全、文明生产，如遇异常情况，应立即断开电源开关 QF。

5）变阻器安装在有剧烈振动或强烈颠簸以及垂直方向倾斜 5°以上的地方时，可能引起失压保护的误动作。

考核评价

考核内容	配分	评分细则	得分
装前检查	10	电动机质量检查(5 分)	
		电气元件漏检或错检(5 分)	
安装	20	电动机安装不符合要求(4 分)	
		其他元件安装不紧固(4 分)	
		安装位置不符合要求(6 分)	
		损坏元件(6 分)	
布线	20	按照接线图接线并实现功能(10 分)	
		布线符合工艺要求(10 分,不符合要求每处扣 1 分)	
通电试车	30	安全措施(10 分)	
		试车操作(10 分)	
		故障排除(10 分)	
安全、文明生产	10	遵守安全操作规程(3 分,违反一次扣 1 分)	
		材料摆放规范、整齐(3 分)	
		完成任务,清理场地(4 分)	
考核时间	10	定额时间 90min,最大延时 30min,每超过 15min(不足 15min 以 15min 计)扣 5 分	

（续）

考核内容	配分	评分细则	得分
完成本次工作任务的评价			
小组同学对你完成本次工作任务的评价			
教师对你完成本次工作任务的评价			
备注	各项目的最高扣分不应超过配分分数，60 分以下不合格	成绩	

项目十一
变频调速控制线路的安装

　　近年来，随着电力电子技术、计算机技术、自动控制技术的迅速发展，交流传动与控制技术成为目前发展最为迅速的技术之一，电气传动技术面临着一场历史革命，即交流调速取代直流调速和计算机数字控制技术取代模拟控制技术已成为发展趋势。电动机交流变频调速技术是当今节电、改善工艺流程以提高产品质量和改善环境、推动技术进步的一种主要手段。

　　数控车床的主轴调速控制就是变频调速技术的一种典型应用，其外形如图 11-1 所示，通过完成这个项目，学会通用变频器的基本使用方法和数控车床主轴控制线路的安装方法。

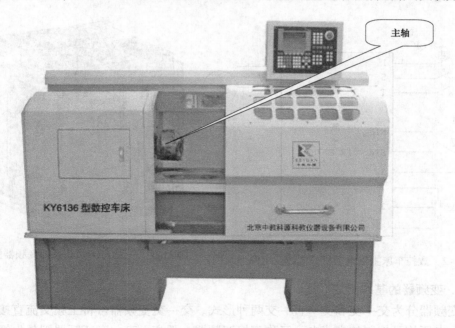

主轴

KY6136 型数控车床

北京中教科源科教仪器设备有限公司

图 11-1　数控车床的外形

工作任务

　　图 11-2 是数控车床主轴电动机控制线路电路原理图，目前数控机床的主轴驱动多

采用交流主轴驱动系统，即主轴三相异步电动机配备变频器。变频器的品牌和型号很多，下面就以三菱 FR-E700 系列变频器为例，来完成控制线路的安装。

边做边学

一、认识电路工作原理

三菱 FR-E700 系列变频器输入电压为三相 380V 交流电，输出为三相变频交流电，以开关通过 STF/STR 接线柱控制电动机的正反转，用 1/2W、1kΩ 可调电位器来模拟数控系统的输出信号作为频率设定信号。

二、变频器的选择

变频器是利用电力半导体器件的通断作用将工频电源变换为另一频率的电能控制装置，具有使交流异步电动机软起动、变频调速、提高运转精度、改变功率因数等功能，并能提供过电流、过电压和过载保护。

1. 认识变频器

三菱 FR-E700 系列变频器的外形如图 11-3 所示。

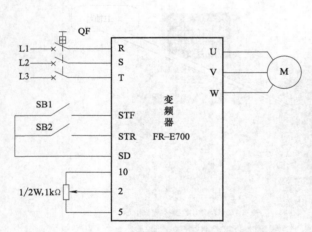

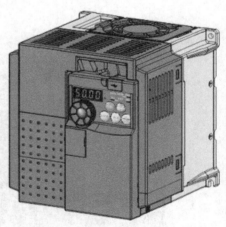

图 11-2　数控车床主轴电动机控制线路电路原理图　　图 11-3　三菱 FR-E700 系列变频器的外形

2. 变频器的基本组成

变频器分为交—交和交—直—交两种形式。交—交变频器可将工频交流直接变换成频率、电压均可控制的交流电，又称直接变频器。而交—直—交变频器则是先把工频交流电通过整流器变成直流电，然后再把直流电变换成频率、电压均可控制的交流电，它又称为间接变频器。这里主要介绍通用变频器，主要是交—直—交变频器（以下简称变频器）。

变频器的基本构成如图 11-4 所示，由主电路和控制线路组成，分述如下：

1）整流器：电网侧的变流器是整流器，它的作用是把三相（也可以是单相）交流

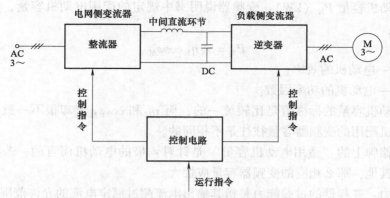

图 11-4　变频器的基本构成

电整流成直流电。

2）逆变器：负载侧的变流器为逆变器。最常见的结构形式是利用 6 个半导体主开关器件组成的三相桥式逆变电路，可以有规律地控制逆变器中主开关器件的通与断，从而得到任意频率的三相交流电输出。

3）中间直流环节：由于逆变器的负载为异步电动机，属于感性负载。无论电动机处于电动状态还是发电制动状态，其功率因数都不会为 1。因此在中间直流环节和电动机之间总会有超负荷运转功率的交换。这种无功能量要靠中间直流环节的储能元件（电容器或电抗器）来缓冲。所以又常称中间直流环节为中间直流储能环节。

4）控制线路：控制线路由运算电路、检测电路、控制信号的输入输出电路和驱动电路等构成，其主要任务是完成对逆变器的开关控制、对整流器的电压控制以及完成各种保护功能等。控制方法可以采用模拟控制或数字控制。高性能的变频器目前已经采用微型计算机进行全数字控制，用尽可能简单的硬件电路，各种控制功能主要靠软件来实现。由于软件的灵活性好，数字控制方式常可以完成模拟控制方式难以完成的功能。

3. 变频器的额定参数介绍

（1）变频器的额定值

1）输入侧的额定值。输入侧的额定值主要是电压和相数。在我国的中小容量变频器中，输入电压的额定值有以下几种情况（均为线电压）：

380V/50Hz，三相，用于绝大多数电器中。

200~230V/50Hz 或 60Hz，三相，主要用于某些进口设备中。

200~230V/50Hz，单相，主要用于精细加工设备和家用电器。

2）输出侧的额定值。输出电压额定值 U_N：由于变频器在变频的同时也要变压，所以输出电压的额定值是指输出电压的最大值。在大多数情况下，它就是输出频率等于电动机额定频率时的输出电压值。通常，输出电压的额定值总是和输入电压相等的。

输出电流额定值 I_N：输出电流额定值是指允许长时间输出的最大电流，是用户在选择变频器时的主要依据。

输出容量 S_N（kV·A）：S_N 与 U_N 和 I_N 的关系为

$$S_N = \sqrt{3}\,U_N I_N$$

配用电动机容量 P_N（kW）：变频器说明书中规定的配用电动机容量，是根据下式估算出来的：

$$P_N = S_N \eta_M \cos\varphi_M$$

式中　η_M——电动机的效率；

　　　$\cos\varphi_M$——电动机的功率因数。

由于电动机容量的标称值是比较统一的，而 η_M 和 $\cos\varphi_M$ 值却很不一致，所以容量相同的电动机配用的变频器容量往往是不相同的。

变频器铭牌上的"适用电动机容量"是针对 4 极的电动机而言的，若拖动的电动机是 6 极或其他，那么相应的变频器容量应加大。

过载能力：变频器的过载能力是指其输出电流超过额定电流的允许范围和时间。大多数变频器都规定为 $150\% I_N$、$60s$ 或 $180\% I_N$、$0.5s$。

（2）变频器的频率指标

1）频率的名词术语。

基底频率 f_b：变频器的输出电压等于额定电压时对应的最小输出频率，称为基底频率，用来作为调节频率的基准。在大多数情况下，基底频率等于额定频率，即 $f_b = f_N$。

最高频率 f_{max}：变频器的频率给定信号为最大值时变频器给定频率。这是变频器最高工作频率的设定值。

上限频率 f_H 和下限频率 f_L：根据拖动系统的工作需要，变频器可设定上限频率和下限频率，如图 11-5 所示。若设与 f_H 和 f_L 对应的给定信号分别是 X_H 和 X_L，则上限频率的定义是：当 $X \geq X_H$ 时，$f_x = f_H$；下限频率的定义是：当 $X \leq X_L$ 时，$f_x = f_L$。

跳变频率 f_J：生产机械在运转时总是有振动的，其振动频率和转速有关，且有可能在某一转速下，机械的振动频率与它的固有振荡频率相一致而发生机械谐振，这时，振动将变得十分强烈，使机械不能正常工作，甚至损坏。为了避免机械谐振的发生，机械系统必须回避可能引起谐振的转速。与回避转速对应的工作频率就是跳变频率，用 f_J 表示。

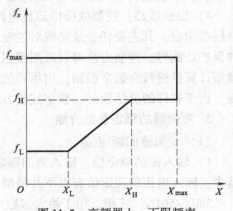

图 11-5　变频器上、下限频率

点动频率 f_{JOG}：生产机械在调试过程中，以及每次新的加工过程开始前，常常需要"点一点、动一动"，以便观察各部位的运转情况。如果每次在点动前后都要进行频率调整的话，既麻烦又浪费时间。因此，变频器可以根据生产机械的特点和要求，预先一次性地设定一个"点动频率 f_{JOG}"，每次点动时都在该频率下运行，而不必变动已经设定好的给定频率。

2）变频器的频率指标。

频率范围：频率范围即变频器能够输出的最高频率 f_{max} 和最低频率 f_{min}。各种变频器规定的频率范围不尽一致。通常，最低工作频率为 0.1 ~ 1Hz，最高工作频率为 120 ~ 650Hz。

频率精度：指变频器输出频率的准确程度。用变频器的实际输出频率与设定频率之间的最大误差与最高工作频率之比的百分数表示。

例如，用户给定的最高工作频率为 f_{max} = 120Hz，频率精度为 0.01%，则最大误差为

$$\Delta f_{max} = 0.0001 \times 120Hz = 0.012Hz$$

频率分辨率：指输出频率的最小改变量，即每相邻两挡频率之间的最小差值。一般分模拟设定分辨率和数字设定分辨率两种。

例如，当工作频率 f_x = 25Hz 时，如变频器的频率分辨率为 0.01Hz，则上一挡的最小频率 (f_x') 和下一挡的最大频率 (f_x'') 分别为

$$f_x' = 25Hz + 0.01Hz = 25.01Hz$$

$$f_x'' = 25Hz - 0.01Hz = 24.99Hz$$

4. 变频器的安装与接线要求

(1) 变频器的安装

1) 变频器的安装环境。

① 环境温度：- 10 ~ 40℃。

② 环境湿度：相对湿度不超过 90% （无结露）。

③ 其他条件：无阳光直射，无腐蚀性气体及易燃气体，尘埃少，海拔低于 1000m。

2) 安装方式。

① 墙挂式安装：此时变频器与周围物体之间的距离应满足下列条件：两侧 ≥ 100mm，上下 ≥ 150mm。

② 柜式安装：单台变频器安装应尽量采用柜外冷却方式（环境比较洁净，尘埃少）；单台变频器采用柜内冷却方式时，应在柜顶安装抽风式冷却风扇，并尽量装在变频器的正上方；多台变频器安装应尽量并列安装，如必须采用纵向方式安装，应在两台变频器间加装隔板。

不论哪种方式，变频器应垂直安装。

3) 变频器的端子接线图如图 11-6 所示。

变频器的接线端子比较多，在主电路中，R、S、T 为电源输入端子，连接 380V 电源，U、V、W 为变频器输出端子，连接三相笼型电动机。在控制电路中，STF 为正转起动端子；STR 为反转起动端子；RH、RM、RL 为多段速选择端子；SD 为公共端子；10 为频率设定用电源端子，提供 DC5V 电源，允许负荷电流为 10mA；2 为电压信号频率设定端子，用 Pr. 73 可以实现在 0 ~ 5V 和 0 ~ 10V 两种方式之间切换；4 为电流信号频率设定端子；5 为频率设定公共端；其余端子因暂时不用不作详细介绍，如有需要可参看变频器使用说明书。

(2) 变频器的接线注意事项

1) 主电路接线。变频器输入 (R、S、T)、输出 (U、V、W) 绝对不能接错。

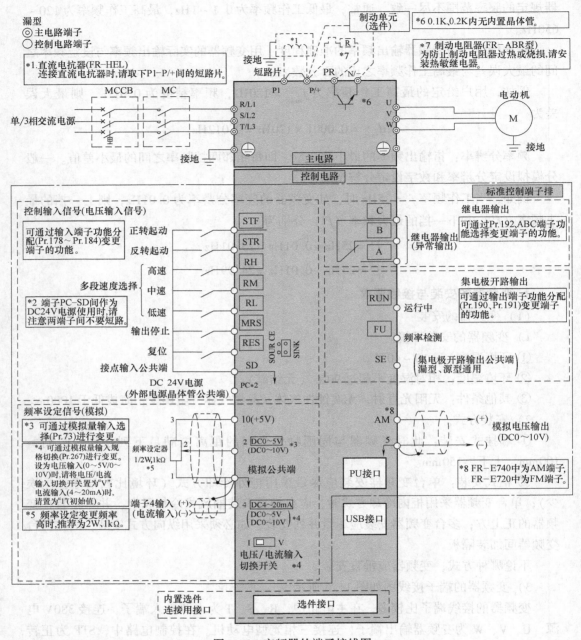

图 11-6 变频器的端子接线图

2）控制线路的接线。

① 模拟量控制线应使用屏蔽线，屏蔽一端接变频器控制线路的公共端（COM），不要接变频器地端（E）或大地，另一端悬空。

② 开关量控制线允许不使用屏蔽线，但同一信号的两根线必须互相绞在一起。

3）变频器的接地。多台变频器接地，各变频器应分别和大地相连，不允许一台变频器的接地和另一台变频器的接地端连接后再接地。

5. 控制线路输入信号接线端子简介

输入信号接线端子功能见表 11-1。

表 11-1　输入信号接线端子功能

种类	端子记号	端子名称	端子功能说明		额定规格
接点输入	STF	正转起动	STF 信号 ON 时为正转、OFF 时为停止指令	STF、STR 信号同时 ON 时变成停止指令	
	STR	反转起动	STR 信号 ON 时为正转、OFF 时为停止指令		
	RH、RM、RL	多段速度选择	用 RH、RM 和 RL 信号的组合可以选择多段速度		输入电阻为 4.7kΩ, 开路时电压为 DC21～26V, 短路时电流为 DC4～6mA
	MRS	输出停止	MRS 信号为 ON(20ms 或以上)时, 变频器输出停止 用电磁制动器停止电动机时用于断开变频器的输出		
	RES	复位	用于解除保护电路动作时的报警输出, 请使 RES 信号处于 ON 状态 0.1s 或以上, 然后断开 初始设定为始终可进行复位。但进行了 Pr.75 的设定后, 仅在变频器报警发生时可进行复位。复位所需时间约为 1s		
	SD	接点输入公共端(漏型)(初始设定)	接点输入公共端(漏型逻辑)公共端子		—
		外部晶体管公共端(源型)	源型逻辑时当连接晶体管输出(即集电极开路输出)如可编程序控制器(PLC)时, 将晶体管输出用的外部电源公共端接到该端子时, 可以防止因漏电引起的误动作		
		DC24V 电源公共端	DC24V、0.1A 电源(端子 PC)的公共输出端子 与端子 5 及端子 SE 绝缘		
	PC	外部晶体管公共端(漏型)(初始设定)	漏型逻辑时当连接晶体管输出(即集电极开路输出)如可编程序控制器(PLC)时, 将晶体管输出用的外部电源公共端接到该端子时, 可以防止因漏电引起的误动作		电源电压范围为 DC22～26V, 容许负载电流为 100mA
		接点输入公共端(源型)	接点输入公共端(源型逻辑)公共端子		
		DC24V 电源	可作为 DC24V、0.1A 电源使用		
频率设定	10	频率设定用电源	作为外接频率设定(速度设定)用电位器时的电源使用(参照 Pr.73 模拟量输入选择)		DC(5.2±0.2)V, 容许负载电流为 10mA
	2	频率设定(电压)	如果输入 DC0～5V(或 0～10V), 在 5V(或 10V)时为最大输出频率, 输入与输出成正比。通过 Pr.73 进行 DC0～5V(初始设定)和 DC0～10V 输入的切换操作		输入电阻为 10kΩ±1kΩ, 最大容许电压为 DC20V

（续）

种类	端子记号	端子名称	端子功能说明	额定规格
频率设定	4	频率设定(电流)	如果输入 DC4 ~ 20mA(或 0 ~ 5V，0 ~ 10V)，在 20mA 时为最大输出频率，输入与输出成正比。只有 AU 信号为 ON 时端子 4 的输入信号才会有效(端子 2 的输入将无效)。通过 Pr. 267 进行 4 ~ 20mA(初始设定)和 DC0 ~ 5V、DC0 ~ 10V 输入的切换操作。电压输入为 0 ~ 5V/0 ~ 10V 时，请将电压/电流输入切换开关切换至"V"	电流输入的情况下：输入电阻为 233kΩ ± 5kΩ，最大容许电流为 3mA 电压输入的情况下：输入电阻为 10kΩ ± 1kΩ，最大容许电压为 DC20V
	5	频率设定公共端	频率设定信号(端子 2 或 4)及端子 AM 的公共端子。请勿接大地	—

注：正确设定 Pr. 267 和电压/电流输入切换开关，输入与设定相符的模拟信号。

若将电压/电流输入切换开关设为"I"（电流输入规格）进行电压输入，或将开关设为"V"（电压输入规格）进行电流输入，可能导致变频器或外部设备的模拟电路发生故障。

6. FR-E700 系列变频器操作面板认识

FR-E700 系列变频器操作面板如图 11-7 所示。

图 11-7　FR-E700 系列变频器操作面板

操作面板显示/按钮功能见表 11-2。

表 11-2　操作面板显示/按钮功能表

显示/按钮	功　能	备　注
RUN 显示	运行状态显示	变频器动作中亮灯/闪烁 点亮：正转运行中 缓慢闪烁(1.4s 循环)：反转运行中 快速闪烁(0.2s 循环)： 按 (RUN) 键或输入起动指令都无法运行时 有起动指令、频率指令在起动频率以下时 输入了 MRS 信号时

（续）

显示/按钮	功　能	备　注
MON 显示	参数设定模式显示	参数设定模式时亮灯
PRM 显示	监视器显示	监视模式时亮灯
PU 显示		PU：PU 运行模式时亮灯
EXT 显示	运行模式显示	EXT：外部运行模式时亮灯
NET 显示		NET：网络运行模式时亮灯
监视器(4 位 LED)	显示频率、参数编号等	
单位显示	单位显示	Hz：显示频率时亮灯 A：显示电流时亮灯 显示电压时熄灭，显示设定频率监视时闪烁
M 旋钮	用于变更频率设定、参数的设定值	按该旋钮可显示以下内容：监视模式时的设定频率、校正时的当前设定值、报警历史模式时的顺序
RUN 键	起动指令	通过 Pr.40 的设定，可以选择旋转方向
STOP/RESET 键	停止运行	停止运行指令 保护功能(严重故障)生效时，也可以进行报警复位
MODE 键	模式切换	用于切换各设定模式 和 (PU/EXT) 键同时按下也可以用来切换运行模式 长按此键(2s)可以锁定操作
SET 键	各设定的确定	运行中按此键则监视器出现以下显示： 运行频率 → 输出电流 → 输出电压
PU/EXT 键	运行模式切换	用于切换 PU/外部运行模式 使用外部运行模式(通过另接的频率设定旋钮和起动信号起动的运行)时请按下此键，使表示运行模式的 EXT 处于亮灯状态 切换至组合模式时，可同时按 (MODE) 键(0.05s) 或者变更参数 P r.79 PU：PU 运行模式 EXT：外部运行模式 也可以解除 PU 停止

7. FR-E700 系列变频器基本功能参数设定

基本功能参数见表 11-3。

表 11-3　基本功能参数表

参数	名　　称	表示	设定范围	单位	出厂设定值
0	转矩提升	P0	0～30%	0.1%	6%/4%/3%
1	上限频率	P1	0～120Hz	0.01Hz	120Hz
2	下限频率	P2	0～120Hz	0.01Hz	0Hz
3	基准频率	P3	0～400Hz	0.01Hz	50Hz
4	多段速设定(高速)	P4	0～400Hz	0.01Hz	50Hz
5	多段速设定(中速)	P5	0～400Hz	0.01Hz	30Hz
6	多段速设定(低速)	P6	0～400Hz	0.01Hz	10Hz
7	加速时间	P7	0～3600s/360s	0.1/0.01s	5/10s
8	减速时间	P8	0～3600s/360s	0.1/0.01s	5/10s
9	电子过电流保护	P9	0～500A	0.1A	额定输出电流
79	运行模式选择	P79	0,1,2,3,4,6,7	1	0

想一想

1. 变频器的电子过电流保护有什么作用？

2. STF、STR 同时为 ON 会有什么结果？

3. 使用变频器实现交流电动机的调速和项目八中的双速电动机的调速有什么不同？

三、数控车床主轴控制线路安装

1. 准备工具、仪表及器材

1）工具：测电笔。

2）仪表与设备：MF47 型万用表、亚龙 YL-235A 型光机电一体化实训装置

3）器材：所需器材见表 11-4。

表 11-4　器材明细表

代号	名　　称	型　号	规　格	数　量
M	三相笼型异步电动机	WDJ26		1 台
	光机电一体化实训装置	YL235-A		1 台

2. 固定安装电气元件

检查所给电气元件是否良好，如有问题及时跟指导教师提出。在教师指导下画出接线图，并在亚龙 YL-235A 型光机电一体化实训装置上，根据接线图连接线路。完成连接的线路如图 11-8 所示。

3. 线路检查

1）按照线路图或接线图，从电源端开始逐段核对接线是否正确，有无漏接、错接之处；检查导线接点是否符合要求，压接是否牢固；检查触头接触是否良好，以避免带

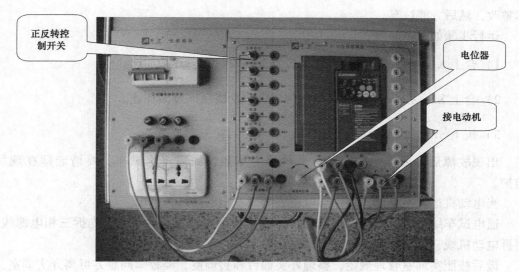

正反转控制开关

电位器

接电动机

图 11-8　变频调速控制线路完成图

负载运转时产生闪弧现象。检查编号管的编号与接线图是否一致。

2）用万用表检查线路的通断情况。检查时，一般应选用 R×1 或 R×10 倍率挡，并进行调零，以防发生短路故障。检查电路时，可将表笔分别搭在电路的任意两条相线上，即测三次，读数应为电动机绕组的电阻，若三次测定结果不为零且阻值大小基本相同，则电路连接正确。

3）用兆欧表检查线路的绝缘电阻值，应不小于2MΩ。

4. 变频器参数设置（见表 11-5）

表 11-5　参数设置表

参　数　号	设　定　值	功　　能
P0	5%	转矩提升
P1	60Hz	上限频率
P2	2Hz	下限频率
P3	50Hz	基波频率
P7	5s	加速时间
P8	3s	减速时间
P9	额定输出电流	电子过电流保护
P79	2	只能执行外部操作

5. 通电试车

> **特别提示**
>
> 通电试车前要检查安全措施，试车时要遵守安全操作规程，出现故障时要停电检查。

通电前，应检查与通电试车有关的电气设备是否有不安全的因素存在，若查出应立即整改，然后方能试车。

运行步骤如下：

1）合上 K1，按 $\textcircled{RUN}$ 键，转动电位器，电动机正向逐渐加速。

2）合上 K2，按 $\textcircled{RUN}$ 键，转动电位器，电动机反向逐渐加速。

3）按下 $\textcircled{STOP}$ 键，电动机停止。

出现故障后，要停电进行检修。检修完毕后，如需再次试车，要请老师在现场监护。

当电动机运转平稳后，用钳形电流表测量三相电路是否平衡。

通电试车结束后，应等电动机停转后再切断电源开关。拆线时，先拆三相电源线，再拆电动机线，最后拆板上导线和电气元件。

最后按照实训室管理规定，整理好实训台和实训室，经教师同意方可离开实训室。

想一想

1. 如果想要控制电动机以三种不同的转速运行，应该如何来设计控制线路和设定参数？

2. 在变频器控制电动机的系统中，可能发生谐振现象，怎样避免？

考核评价

考核内容	配分	评分细则	得分
变频器型号选择	10	类型(2 分)	
		型号(2 分)	
		额定电流(2 分)	
		能否与所给电动机匹配(4 分)	
变频器参数设定	20	控制方式的设定(4 分)	
		上限频率、下限频率的设定(4 分)	
		加速时间、减速时间的设定(6 分)	
		过电流保护的设定(6 分)	
布线	20	按照接线图接线并实现功能(20 分)	
通电试车	30	安全措施(10 分)	
		试车操作(10 分)	
		故障排除(10 分)	
安全、文明生产	10	遵守安全操作规程(3 分，违反一次扣 1 分)	
		材料摆放规范、整齐(3 分)	
		完成任务，清理场地(4 分)	
考核时间	10	定额时间 90min，最大延时 30min，每超过 15min(不足 15min 以 15min 计)扣 5 分	
完成本次工作任务的评价			
小组同学对你完成本次工作任务的评价			

（续）

考核内容	配分	评分细则	得分
教师对你完成本次工作任务的评价			
备注		各项目的最高扣分不应超过配分分数,60分以下不合格	成绩

知识拓展

一、变频器参数设定范例

1. 变更 Pr. 1 上限频率

1）接通电源，显示监视器画面。

2）按 (PU/EXT) 键，进入 PU 运行模式，此时 PU 指示灯亮。

3）按 (MODE) 键，进入参数设定模式。

4）旋转设定用旋钮，将参数编号设定为 P1（Pr. 1）。

5）按 (SET) 键，读取当前的设定值。显示"120.0"[120.0Hz（初始值）]。

6）旋转设定用旋钮，将值设定为"50.0"（50.0Hz）。

7）按 (SET) 键设定。

2. Pr. 53 参数设定

Pr. 53 "频率设定操作选择"：可以用设定旋钮像调节音量一样运行。

Pr. 53 = 0：设定用旋钮频率设定模式；

Pr. 53 = 1：设定用旋钮音量调节模式。

1）变频器上电，按 (PU/EXT) 键设定 PU 操作模式。

2）按 (MODE) 键，进入参数设定模式。

3）旋转设定用旋钮，选择参数号码，直至监示用三位 LED 显示"P30"。

4）按 (SET) 键，读取当前的设定值。显示"120.0"[120.0Hz（初始值）]。

5）旋转设定用旋钮，将值设定为"50.0"（50.0Hz）。

6）按 (SET) 键完成设定值。

7）重复步骤 4）、5）、6），把 Pr. 53 设置为"1"。

8）连续按两次 (MODE) 键，退出参数设置模式。

二、FR-E700 系列变频器的运行操作模式

FR-E700 系列变频器的运行操作模式有 7 种，见表 11-6。

表 11-6　FR-E700 系列变频器的运行操作模式

设定值	内　　容		LED显示 ■ 灭灯　□ 亮灯
0	PU/外部切换模式,通过 (PU/EXT) 键可以切换 PU 与外部运行模式 接通电源时为外部运行模式		外部运行模式 PU ■　EXT □　NET ■ PU运行模式 PU □　EXT ■　NET ■
1	固定为 PU 运行模式		PU □　EXT ■　NET ■
2	固定为外部运行模式 可以在外部运行模式、网络运行模式间切换运行		外部运行模式 PU ■　EXT □　NET ■ 网络运行模式 PU ■　EXT ■　NET □
3	PU/外部组合运行模式 1		PU □　EXT □　NET ■
3	**频率指令** 用操作面板、PU(FR-PU04-CH/FR-PU07)设定或外部信号输入(多段速设定,端子 4、5 间(AU 信号为 ON 时有效))	**起动指令** 外部信号输入(端子 STF、STR)	
4	PU/外部组合运行模式 2		PU □　EXT □　NET ■
4	**频率指令** 外部信号输入(端子 2、4、JOG、多段速选择等)	**起动指令** 通过操作面板的 (RUN) 键、PU (FR-PU04-CH/FR-PU07)的 FWD 、 REV 键来输入	
6	切换模式 可以在保护运行状态的同时,进行 PU 运行、外部运行、网络运行的切换		PU运行模式 PU □　EXT ■　NET ■ 外部运行模式 PU ■　EXT □　NET ■ 网络运行模式 PU ■　EXT ■　NET □
7	外部运行模式(PU 运行互锁) X12 信号为 ON: 可切换到 PU 运行模式(外部运行中输出停止) X12 信号为 OFF: 禁止切换到 PU 运行模式		PU运行模式 PU □　EXT ■　NET ■ 外部运行模式 PU ■　EXT □　NET ■

项目十二
PLC控制线路的安装

可编程序控制器又称 PLC，是近几十年发展起来的一种新型的、非常有用的工业控制装置，它把计算机的编程灵活、功能齐全、应用面广等优点与继电-接触器控制系统的控制简单、使用方便、价格便宜等优点结合起来，而其本身又具有体积小、重量轻、功耗低、可靠性好等特点，因而在工矿企业的各种机械设备和生产过程的自动控制系统中得到了广泛的应用，已成为当代工业自动化的主要控制装置之一。本项目主要介绍 PLC 的相关知识。

任务一　车床电动机控制线路主轴电动机的 PLC 改装

工作任务

通过对本书项目三的学习可以知道，车床电路的主轴电动机一般不进行电气调速，主轴的正反转由主拖动电动机采用机械方法实现，主拖动电动机的起动和停止采用按钮控制，是典型的电动机连续运行控制方式。前面学习的是采用传统的继电-接触器控制线路来实现该功能，现在我们来对主轴电动机的控制进行 PLC 改装。

边做边学

一、车床主轴电动机控制线路的原理

请参考本书项目三车床主轴电动机控制线路的安装。

二、可编程序控制器的基础知识

1. 三菱 FX$_{2N}$ 系列 PLC 的实物图（见图 12-1）

图 12-1　FX$_{2N}$-32MR 的 PLC 实物图

2. FX 系列 PLC 基本单元的型号与端子排列

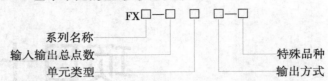

$$FX\Box-\Box\ \Box\ \Box-\Box$$

系列名称———

输入输出总点数———

单元类型———

特殊品种———

输出方式———

其中，系列名称：如 0、2、0S、1S、0N、1N、2N、2NC 等。

    单元类型：M——基本单元；

       E——输入输出混合扩展单元；

       E_X——扩展输入模块；

       E_Y——扩展输出模块。

    输出方式：R——继电器输出；

       S——晶闸管输出；

       T——晶体管输出。

    特殊品种：D——直流电源，直流输出；

       A1——交流电源，交流（100~120V）输入或交流输出模块；

       H——大电流输出扩展模块；

       V——立式端子排的扩展模块；

       C——接插口输入输出方式；

       F——输入滤波时间常数为 1ms 的扩展模块；

  如果特殊品种一项无符号，则该 PLC 为交流电源、直流输入、横式端子排、标准输出。例如 $FX_{2N}-32MT-D$ 表示 FX_{2N} 系列、32 个 I/O 点基本单元、晶体管输出、使用直流电源、24V 直流输出型。

3. FX_{2N} 系列 PLC 基本单元 I/O 端子的排列

FX_{2N} 系列 PLC 基本单元 I/O 端子的排列如图 12-2 和图 12-3 所示。

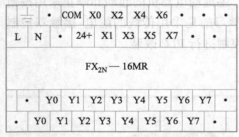

图 12-2 FX_{2N}-16MR 的 I/O 端子排列

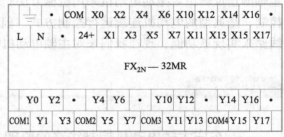

图 12-3 FX_{2N}-32MR 的 I/O 端子排列

4. PLC 的工作方式

PLC 的工作方式如图 12-4 所示。

PLC 的工作方式与继电器工作方式相比较，继电器属于并行工作方式，PLC 属于逐条读取指令、逐条执行指令的顺序扫描工作方式。

5. 输入继电器（X）

输入继电器与输入端相连，它是专门用来接收 PLC 外部开关信号的器件。PLC 通

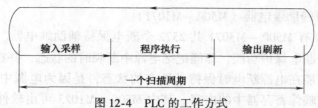

图 12-4 PLC 的工作方式

过输入接口将外部输入信号状态（接通时为"1"，断开时为"0"）读入并存储在输入映象寄存器中。图 12-5 所示为输入继电器 X1 的等效电路。

输入继电器必须由外部信号驱动，不能用程序驱动，所以在程序中不可能出现其线圈。由于输入继电器（X）为输入映像寄存器中的状态，所以其触点的使用次数不限。

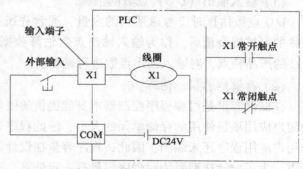

图 12-5 输入继电器的等效电路

6. 输出继电器（Y）

输出继电器是用来将 PLC 内部信号输出传送给外部负载（用户输出设备）的。输出继电器线圈由 PLC 内部程序的指令驱动，其线圈状态传送给输出单元，再由输出单元对应的硬触点来驱动外部负载。图 12-6 所示为输出继电器 Y0 的等效电路。

每个输出继电器在输出单元中都对应有唯一一个常开硬触点，但在程序中供编程的输出继电器，不管是常开还是常闭触点，都可以使用无数次。

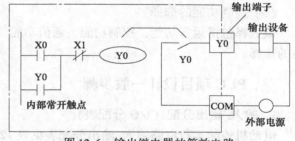

图 12-6 输出继电器的等效电路

7. 辅助继电器（M）

辅助继电器是 PLC 中数量最多的一种继电器，一般的辅助继电器与继电器控制系统中的中间继电器相似。

辅助继电器不能直接驱动外部负载，负载只能由输出继电器的外部触点驱动。辅助继电器的常开与常闭触点在 PLC 内部编程时可无限次使用。

辅助继电器采用 M 与十进制数共同组成编号（只有输入输出继电器才用八进制数）：

（1）通用辅助继电器（M0 ~ M499）

FX$_{2N}$ 系列 PLC 共有 500 点通用辅助继电器。通用辅助继电器在 PLC 运行时，如果电源突然断电，则全部线圈均 OFF。当电源再次接通时，除了因外部输入信号而变为 ON 的以外，其余的仍将保持 OFF 状态，它们没有断电保护功能。通用辅助继电器常在逻辑运算中作辅助运算、状态暂存、移位等用。

根据需要可通过程序设定将 M0 ~ M499 变为断电保持辅助继电器。

（2）断电保持辅助继电器（M500～M3071）

FX_{2N} 系列 PLC 有 M500～M3071 共 2572 个断电保持辅助继电器。它与普通辅助继电器不同的是具有断电保护功能，即能记忆电源中断瞬时的状态，并在重新通电后再现其状态。它之所以能在电源断电时保持其原有的状态，是因为电源中断时用 PLC 中的锂电池保持了它们映像寄存器中的内容。其中 M500～M1023 可由软件将其设定为通用辅助继电器。

8. PLC 的选择

（1）输入输出（I/O）点数的估算

I/O 点数估算时应考虑适当的余量，通常先统计出输入输出点数，再增加 10%～20% 的可扩展余量后，作为输入输出点数估算数据。实际订货时，还需根据制造厂商 PLC 的产品特点，对输入输出点数进行调整。

（2）存储器容量的估算

存储器容量是可编程序控制器本身能提供的硬件存储单元大小，程序容量是存储器中用户应用项目使用的存储单元的大小，因此程序容量小于存储器容量。设计阶段，由于用户应用程序还未编制，因此，程序容量在设计阶段是未知的，需在程序调试之后才知道。为了设计选型时能对程序容量有一定估算，通常采用存储器容量的估算来替代。

存储器内存容量的估算没有固定的公式，许多文献资料中给出了不同公式，大体上都是按数字量 I/O 点数的 10～15 倍，加上模拟 I/O 点数的 100 倍，以此数为内存的总字数（16 位为一个字），另外再按此数的 25% 考虑余量。

（3）控制功能的选择

该选择包括运算功能、控制功能、通信功能、编程功能、诊断功能和处理速度等特性的选择。

三、PLC 项目设计一般步骤

1. 输入/输出分配（I/O 分配表）

电动机连续运行电路输入/输出分配表见表 12-1。

表 12-1　电动机连续运行电路输入/输出分配表

输入信号			输出信号		
名称	代号	输入点编号	名称	代号	输出点编号
起动按钮	SB1	X0	接触器	KM	Y0
停止按钮	SB2	X1			
热继电器	FR	X2			

2. 画出接线图（接线图是接线时的标准）

采用三菱 FX_{1N}-40MR 实现的电路接线图如图 12-7 所示。

3. 参考程序

电动机连续运行参考程序如图 12-8 所示。

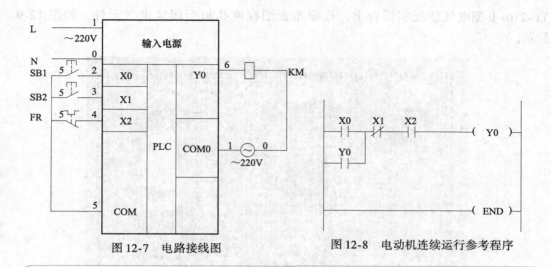

图 12-7 电路接线图   图 12-8 电动机连续运行参考程序

> **想一想**
>
> **1.** 在上面的例子中，你认为应该选择一个什么样型号的 PLC？在选择的时候主要考虑哪些方面？为什么？
>
> **2.** 型号为 FX_{1N}-40MR-001 的 PLC，请问该 PLC 型号中各个参数的含义是什么？

四、电动机连续运行 PLC 控制线路安装调试

1. 准备工具、仪表及器材

1）工具：测电笔、旋具、尖嘴钳、斜口钳、电工刀等电工常用工具。

2）仪表与设备：MF47 型万用表、亚龙 YL-210-Ⅱ型电气装配实训台。

3）器材：在亚龙 YL-210-Ⅱ型电气装配实训台上选取表 12-2 所列器材进行训练，所用导线采用铝芯线，规格是 BLV1×2.5mm²，导线数量由教师根据实际情况确定；紧固螺钉、螺母等也根据实际需要发给。

表 12-2 器材明细表

代号	名　称	型　号	规　格	数　量
M	三相笼型异步电动机	WDJ26		1 台
QF	低压断路器	DZ47-63		1 只
FU1	熔断器	RL1-15	熔体 15A	5 只
KM	接触器	CJX1-9/22	交流 220V	1 只
	铝芯线	BLV	2.5mm²	20m
XT	端子板	JF-2.5/5		3 块
PLC	可编程序控制器	FX_{1N}-40MR		1 台
PC	计算机			1 套

2. 固定安装电气元件

检查所给电气元件是否良好，如有问题及时跟指导教师提出。在教师指导下在亚龙

YL-210-Ⅱ型电气装配实训台上，根据布置图在网孔板上固定电气元件，如图 12-9 所示。

图 12-9　车床主轴电机 PLC 控制线元件布置图

3. 连接线路

根据如图 12-10 所示的接线图和板前明线布线工艺要求，连接 PLC 控制电动机连续运行控制线路，完成连接的线路如图 12-11 所示。

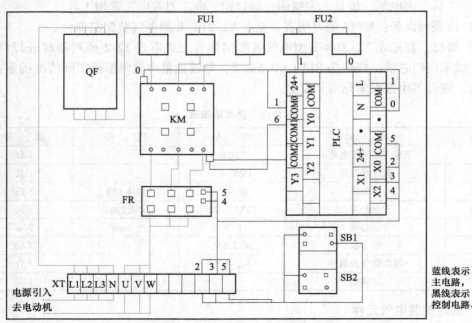

图 12-10　车床主轴电机 PLC 控制线路接线图

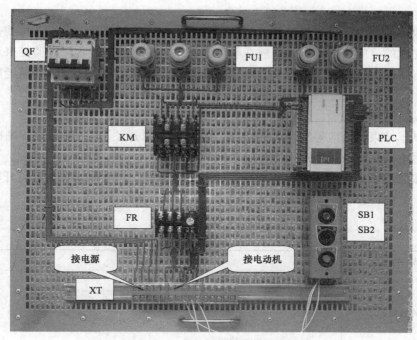

图 12-11　车床主轴电机 PLC 控制线路完成图

4. 线路检查

1）安装时，仔细观察 PLC 的输入、输出端口，防止将输入导线接入输出端口或将输出导线接入输入端口从而引起 PLC 的输入、输出口的损坏。

2）连接完成后仔细检查 PLC、继电器的电源及接线，重点检查电源引线是单相电源还是三相电源，防止因引错电源线而损坏 PLC 主机和接触器线圈。

5. 通电试车

> **特别提示**
>
> 通电试车前要检查安全措施，试车时要遵守安全操作规程，出现故障时要停电检查。

通电前，应检查与通电试车有关的电气设备是否有不安全的因素存在，特别需要注意 PLC 的电源引线是交流 220V，PLC 的输入端口是不需要也不允许接入电源的，输出端口所引用的电源一定要与负载相匹配。另外，在连接 PLC 的编程线时也要注意方向，防止插入时损坏接口的针脚。若查出应立即整改，然后方能试车。

通电时，必须有教师在现场监护，合闸送电后，先用测电笔检查电源开关出线端是否有电，然后将计算机上的 PLC 程序写入到 PLC 中，操作的时候注意先将计算机端软件中的模式修改到监控模式。然后按照工作原理操作电路，并观察接触器情况是否正常，电路是否符合功能要求，元器件的动作是否灵活，有无卡阻及噪声过大等现象，电动机运行情况是否正常等。但不得对线路接线是否正确进行通电检查，并观察过程中，若发现有异常现象，应立即停车。当电动机运转平稳后，用钳形电流表测量三相电路是否平衡。

出现故障后，要停电进行检修，包括硬件接线和软件的编程调试，若接线是完全按照接线图完成的，应该把重点检查放在软件的修改上，可以通过程序的监控来观察 PLC 程序的运行状况，查找程序的错误之处。检修完毕后，如需再次试车，要请老师在现场监护。

当电动机运转平稳后，用钳形电流表测量三相电路是否平衡。

通电试车结束后，应等电动机停转后，再切断电源开关 QF。拆线时，先拆三相电源线，再拆电动机线，最后拆板上导线和电气元件。

最后按照实训室管理规定，整理好实训台和实训室，经教师同意方可离开实训室。

考核评价

考核内容	配分	评分细则		得分
PLC 类型的选择	10	PLC 类型(2 分)		
		PLC 型号(2 分)		
		PLC 额定电流(2 分)		
		PLC 检测(4 分)		
元器件安装	10	按照布置图及其尺寸安装(7 分,尺寸不对每处扣 1 分)		
		安装牢固、整齐(3 分,不符合要求每处扣 1 分)		
布线	20	按照接线图接线并实现功能(10 分)		
		布线符合工艺要求(10 分,不符合要求每处扣 1 分)		
程序设计	20	编程软件的使用(5 分)		
		程序的编辑(10 分)		
		程序的下载(5 分)		
系统调试	20	安全措施(10 分)		
		试车操作,软件的监控,故障排除(5 分)		
		硬件故障排除(5 分)		
安全、文明生产	10	遵守安全操作规程(3 分,违反一次扣 1 分)		
		材料摆放规范、整齐(3 分)		
		完成任务,清理场地(4 分)		
考核时间	10	定额时间 90min,最大延时 30min,每超过 15min(不足 15min 以 15min 计)扣 5 分		
完成本次工作任务的评价				
小组同学对你完成本次工作任务的评价				
教师对你完成本次工作任务的评价				
备注		各项目的最高扣分不应超过配分分数,60 分以下不合格	成绩	

任务二　安装 PLC 控制的丫—△起动控制线路

工作任务

丫—△减压起动也称为星形-三角形减压起动，简称星-三角减压起动。这一线路的设计思想仍是按时间原则控制起动过程。所不同的是，在起动时将电动机定子绕组接成星形，每相绕组承受的电压为电源的相电压（220V），减小了起动电流对电网的影响。而在其起动后期则按预先整定的时间换接成三角形接法，每相绕组承受的电压为电源的线电压（380V），电动机进入正常运行。凡是正常运行时定子绕组接成三角形的笼型异步电动机，均可采用这种线路。

边做边学

一、认识电路原理

请参考本书项目七安装丫—△起动控制线路的相关知识。

二、PLC 定时器（T）的使用

PLC 中的定时器（T）相当于继电器控制系统中的通电型时间继电器，它可以提供无限对常开常闭延时触点。定时器中有一个设定值寄存器（一个字长），一个当前值寄存器（一个字长）和一个用来存储其输出触点的映像寄存器（一个二进制位），这三个量使用同一地址编号。但使用场合不一样，意义也不同。

FX_{2N} 系列 PLC 中的定时器可分为通用定时器、积算定时器两种。它们是通过对一定周期的时钟脉冲进行累计而实现定时的，时钟脉冲周期有 1ms、10ms、100ms 三种，当所计数达到设定值时触点动作。设定值可用常数 K 或数据寄存器（D）的内容来设置。

1. 通用定时器

通用定时器的特点是不具备断电保持功能，即当输入电路断开或停电时定时器复位。通用定时器有 100ms 和 10ms 通用定时器两种。

1）100ms 通用定时器（T0 ~ T199）共 200 点，其中 T192 ~ T199 为子程序和中断服务程序专用定时器。这类定时器是对 100ms 时钟累积计数，设定值为 1 ~ 32767，所以其定时范围为 0.1 ~ 3276.7s。

2）10ms 通用定时器（T200 ~ T245）共 46 点。这类定时器是对 10ms 时钟累积计数，设定值为 1 ~ 32767，所以其定时范围为 0.01 ~ 327.67s。

下面举例说明通用定时器的工作原理。如图 12-12 所示，当输入 X0 接通时，定时器 T200 从 0 开始对 10ms 时钟脉冲进行累积计数，当计数值与设定值 K123 相等时，定时器的常开接通 Y0，经过的时间为 123 × 0.01s = 1.23s。当 X0 断开后定时器复位，计数值变为 0，其常开触点断开，Y0 的状态也随之变为 OFF。若外部电源断电，定时器也将复位。

2. 积算定时器

积算定时器具有计数累积的功能。在定时过程中如果断电或定时器线圈 OFF，积算定时器将保持当前的计数值（当前值），通电或定时器线圈 ON 后继续累积，即其当前值具有保持功能，只有将积算定时器复位时，当前值才变为 0。

1）1ms 积算定时器（T246～T249）共 4 点，是对 1ms 时钟脉冲进行累积计数的，定时的时间范围为 $0.001～32.767s$。

2）100ms 积算定时器（T250～T255）共 6 点，是对 100ms 时钟脉冲进行累积计数的，定时的时间范围为 $0.1～3276.7s$。

以下举例说明积算定时器的工作原理。如图 12-13 所示，当 X0 接通时，T253 从当前值计数，计数器开始累积 100ms 的时钟脉冲的个数。当 X0 经 t_0 后断开，而 T253 尚未计数到设定值 K345，其计数的当前值保留。当 X0 再次接通时，T253 从保留的当前值开始继续累积，经过 t_1 时间，当前值达到 K345 时，定时器的触点动作。累积的时间为 $t_0 + t_1 = 0.1 \times 345 = 34.5s$。当复位输入 X1 接通时，定时器才复位，当前值变为 0，触点也跟随复位。

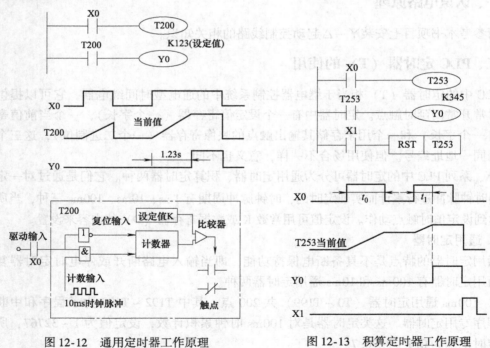

图 12-12 通用定时器工作原理　　图 12-13 积算定时器工作原理

三、PLC 项目实现一般步骤

1. 输入/输出分配表（I/O 分配表）

丫—△减压起动电路输入/输出分配表见表 12-3。

表 12-3　丫—△减压起动电路输入/输出分配表

输入信号			输出信号		
名称	代号	输入点编号	名称	代号	输出点编号
起动按钮	SB1	X0	接触器	$KM_丫$	Y0
停止按钮	SB2	X1	接触器	$KM_△$	Y1
热继电器	FR	X2	接触器	KM	Y2

2. 画出接线图（接线图是接线时的标准）

三菱 FX_{1N}-40MR 接线图，如图 12-14 所示。

3. 参考程序

丫—△减压起动电路参考程序如图 12-15 所示。

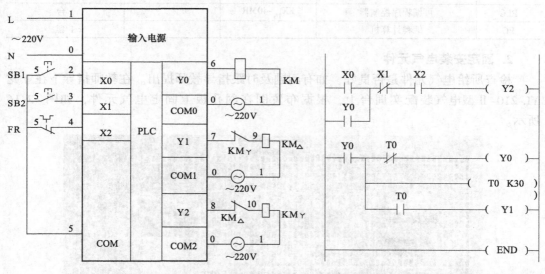

图 12-14　三菱 FX_{1N}-40MR 接线图　　图 12-15　丫—△减压起动电路参考程序

想一想

1. 在例题中如果不是用 **T0** 而是采用 **T200**，则该程序应该怎么设计？若采用 **T248** 又该怎么设计程序？

2. 在接线图中，输出口的 **$KM_丫$** 和 **$KM_△$** 动断触点可不可以不接？为什么？

3. 在接线图中，你认为 **FR** 热继电器的动断触点是接在 **PLC** 的输入部分好还是接在输出部分好？为什么？

四、电机连续运行 PLC 控制线路安装调试

1. 准备工具、仪表及器材

1）工具：测电笔、旋具、尖嘴钳、斜口钳、电工刀等电工常用工具。

2）仪表与设备：MF47 型万用表、亚龙 YL-210-Ⅱ型电气装配实训台。

3）器材：在亚龙 YL-210-Ⅱ型电气装配实训台上选取表 12-4 所列的器材进行训练，训练所用导线采用铝芯线，规格是：BLV1×2.5mm²，导线数量由教师根据实际情况确定；紧固螺钉、螺母等也根据实际需要发给。

表 12-4 器材明细表

代 号	名 称	型 号	规 格	数 量
M	三相笼型异步电动机	WDJ26		1 台
QF	低压断路器	DZ47-63		1 只
FU1	熔断器	RL-30	熔体 15A	3 只
KM	接触器	CJX1-9/22	AC220V	3 只
	铝芯线	BLV	2.5mm²	20m
XT	端子板			1 块
FR	热继电器	JR36-20		1 只
PLC	可编程序控制器	FX$_{1N}$-40MR		1 台
PC	编程计算机			1 套

2. 固定安装电气元件

检查所给电气元件是否良好，如有问题及时跟指导教师提出。在教师指导下在亚龙 YL-210-Ⅱ型电气装配实训台上，根据布置图在网孔板上固定电气元件，如图 12-16 所示。

图 12-16　PLC 控制Υ—△减压起动控制线路元件布置图

3. 连接线路

根据图 12-17 和图 12-18 所示的接线图和板前明线布线工艺，连接 PLC 控制电动机Υ—△运行线路，连接完成的线路如图 12-19 所示。

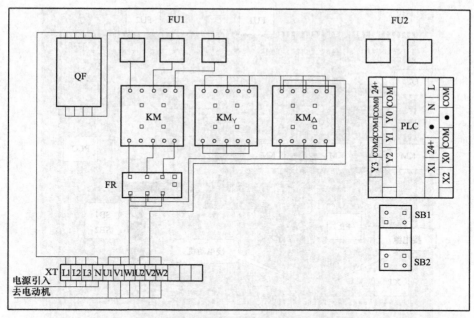

图 12-17 PLC 控制丫—△减压起动主电路接线图

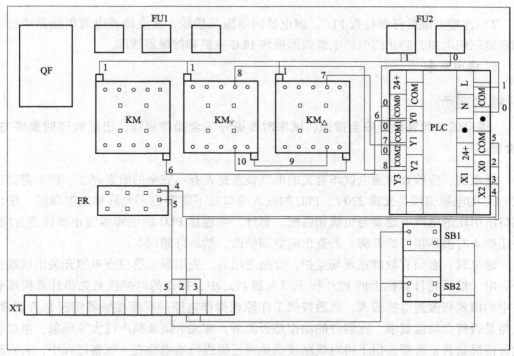

图 12-18 PLC 控制丫—△减压起动控制电路接线图

4. 注意事项

1）安装时，仔细观察 PLC 的输入、输出端口，防止将输入导线接入输出端口或将输出导线接入输入端口从而引起 PLC 的输入、输出端口的损坏。

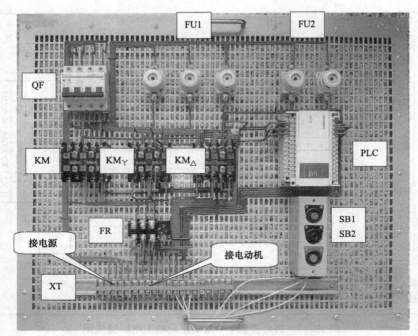

图 12-19　PLC 控制丫—△减压起动控制线路完成图

　　2）连接完成后仔细检查 PLC、继电器的电源及接线，重点检查电源引线是单相电源还是三相电源，防止因引错电源线而损坏 PLC 主机和接触器线圈。

5. 通电试车

> **特别提示**
>
> 　　通电试车前要检查安全措施，试车时要遵守安全操作规程，出现故障时要停电检查。

　　通电前，应检查与通电试车有关的电气设备是否有不安全的因素存在，特别需要注意 PLC 的电源引线是交流 220V，PLC 的输入端口是不需要也不允许接入电源的，输出端口所引用的电源一定要与负载相匹配。另外，在连接 PLC 的编程线时也要注意方向，防止插入时损坏接口的针脚。若查出应立即整改，然后方能试车。

　　通电时，必须有教师在现场监护，合闸送电后，先用测电笔检查电源开关出线端是否有电，然后将计算机上的 PLC 程序写入到 PLC 中，操作的时候注意先将计算机端软件中的模式修改到监控模式，然后按照工作原理操作电路。观察接触器情况是否正常，电路是否符合功能要求，元器件的动作是否灵活，有无卡阻及噪声过大等现象，电动机运行情况是否正常等。但不得对线路接线是否正确进行通电检查。观察过程中，若发现有异常现象，应立即停车。当电动机运转平稳后，用钳形电流表测量三相电路是否平衡。

　　出现故障后，要停电进行检修，包括硬件接线和软件的编程调试，若接线是完全按照接线图完成的，应该把重点放在检查软件的修改上，可以通过程序的监控来观察 PLC

程序的运行状况，查找程序的错误之处。检修完毕后，如需再次试车，要请老师在现场监护。

当电动机运转平稳后，用钳形电流表测量三相电路是否平衡。

通电试车结束后，应等电动机停转后，再切断电源开关 QF。拆线时，先拆三相电源线，再拆电动机线，最后拆板上导线和电气元件。

最后按照实训室管理规定，整理好实训台和实训室，经教师同意方可离开实训室。

考核评价

考核内容	配分	评 分 细 则	得分
PLC 类型的选择	10	PLC 类型(2 分)	
		PLC 型号(2 分)	
		PLC 额定电流(2 分)	
		PLC 检测(4 分)	
元器件安装	10	按照布置图及其尺寸安装(7 分,尺寸不对每处扣 1 分)	
		安装牢固、整齐(3 分,不符合要求每处扣 1 分)	
布线	20	按照接线图接线并实现功能(10 分)	
		布线符合工艺要求(10 分,不符合要求每处扣 1 分)	
程序设计	20	编程软件的使用(5 分)	
		程序的编辑(10 分)	
		程序的下载(5 分)	
系统调试	20	安全措施(10 分)	
		试车操作,软件的监控,故障排除(5 分)	
		硬件故障排除(5 分)	
安全、文明生产	10	遵守安全操作规程(3 分,违反一次扣 1 分)	
		材料摆放规范、整齐(3 分)	
		完成任务,清理场地(4 分)	
考核时间	10	定额时间 90min,最大延时 30min,每超过 15min(不足 15min 以 15min 计)扣 5 分	
完成本次工作任务的评价			
小组同学对你完成本次工作任务的评价			
教师对你完成本次工作任务的评价			
备注		各项目的最高扣分不应超过配分分数,60 分以下不合格	成绩	

参 考 文 献

[1] 张中洲. 电工技能训练（电子技术应用专业）[M]. 2 版. 北京：高等教育出版社，2008.

[2] 劳动和社会保障部教材办公室. 电力拖动控制线路与技能训练 [M]. 4 版. 北京：中国劳动社会保障出版社，2004.

[3] 杨玲. 电工常识 [M]. 北京：高等教育出版社，2005.

[4] 杨玲. 电工技能训练——项目式教学 [M]. 北京：高等教育出版社，2008.

[5] 汤自春. PLC 原理及应用技术 [M]. 北京：高等教育出版社，2006.